Jan Reiners

HISTORISCHE LOKS UND TRIEBWAGEN *DER DEUTSCHEN BAHN AG*

seit 1994

transpress

IMPRESSUM

Einbandgestaltung: Sven Rauert
Fotos: Alle Bilder stammen aus dem Archiv des Verfassers.

Bildnachweis:
Bahr, Gernot: 16; Eisenbahnstiftung: 9 (Dr. G. Scheingraber), 48 (R. Fell), 116 (O.Bär);
Endisch, Dirk: 138, 139; Erdmann, Peter: 21, 61, 92; Estler, Thomas: 8, 18, 33, 36, 40, 46, 72, 82, 85, 100, 109o, 122, 124, 126, 127; alle nicht genannten Aufnahmen stammen aus dem Archiv des Verfassers

ISBN 978-3-613-71788-6

1. Auflage 2026

Sie finden uns im Internet unter www.transpress.de

Lektor: Hartmut Lange
Innengestaltung: Jürgen Knopf
Repro: Medien und Printprodukte, 74321 Bietigheim
Druck und Bindung: HUNTER Books Gmbh, 63184 Mainaschaff
Printed in Germany

Die Geschichte des heutigen DB Museums und seiner Fahrzeuge reicht bis in die Frühzeit der deutschen Eisenbahn zurück. Bereits wenige Jahrzehnte nach der ersten Eisenbahnfahrt in Deutschland – 1835 mit dem berühmten »Adler« zwischen Nürnberg und Fürth – entstand 1882 in München ein erstes Museum zur bayerischen Eisenbahngeschichte.
Die Sammlung für Bahnmitarbeiter bestand zunächst überwiegend aus maßstabsgetreuen Modellen, die Technik und Funktionsweise der Lokomotiven anschaulich vermittelten. Mit dem Umzug nach Nürnberg im Oktober 1899 erhielt die Sammlung erstmals einen festen öffentlichen Rahmen. In einem Ausstellungspavillon im Bereich der heutigen Norishalle am Marientorgraben wurde sie nunmehr der Öffentlichkeit präsentiert. Gleichzeitig wuchs der Bestand stetig und verlagerte sich zunehmend von Modellen hin zu originalen Fahrzeugen und Exponaten. Die Stadt Nürnberg unterstützte diese Entwicklung, indem sie der Bahn unentgeltlich ein Grundstück an der Lessingstraße zur Verfügung stellte und sich sogar an den Baukosten für das neue Museum beteiligte.
Obwohl bereits im Sommer 1914 der erste Spatenstich erfolgte, konnte das neue Gebäude kriegsbedingt erst 1925 fertiggestellt werden. Auf einer Ausstellungsfläche von über 6.500 Quadratmetern war es nun möglich, eine große Bandbreite eisenbahnbezogener Exponate zu zeigen. Einen besonderen Höhepunkt stellte das Jahr 1935 dar, als das Museum anlässlich der Feierlichkeiten »100 Jahre Deutsche Eisenbahnen« einen Nachbau des »Adlers« samt zugehöriger Wagen erhielt. Nach der kriegsbedingten Schließung 1939 und der Wiedereröffnung durch die Deutsche Bundesbahn 1953 entwickelte sich das Museum kontinuierlich weiter. Die Sammlung wuchs um zahlreiche Dampf-, Elektro- und Diesellokomotiven sowie Triebwagen der Deutschen Reichsbahn-Gesellschaft und der Deutschen Bundesbahn.
Mit der umfassenden Neugestaltung anlässlich des Jubiläums »150 Jahre Deutsche Eisenbahnen« im Jahr 1985 wurde eine zweite Fahrzeughalle errichtet. Von 1991 bis 1993 kam das Freigelände mit dem alten Rangierstellwerk 7 des Nürnberger Rangierbahnhofs (Baujahr 1909) hinzu.
Die Übernahme des Museums durch die Deutsche Bahn AG im Jahr 1996 sowie die Einrichtung von Außenstandorten – unter anderem in Koblenz-Lützel und Halle (Saale) – trugen dazu bei, den stetig wachsenden Fahrzeugbestand angemessen zu präsentieren. Am 1. April 2013 wurde das Museum in die Deutsche Bahn Stiftung gGmbH eingebracht, die von der Deutschen Bahn AG ins Leben gerufen wurde.
Während in Koblenz der Schwerpunkt auf historischen Fahrzeugen der Deutschen Bundesbahn liegt, wurden in Halle (Saale) überwiegend Traditionsfahrzeuge der Deutschen Reichsbahn der DDR gezeigt. Leider musste dieser Standort Ende 2025 im Zuge von Sparmaßnahmen dauerhaft geschlossen werden; die dort beheimateten Fahrzeuge wurden auf andere Standorte verteilt.
Neben den an eigenen Standorten ausgestellten Fahrzeugen verfügt das DB Museum über zahlreiche weitere Exponate, die dauerhaft an private Vereine und andere Museen ausgeliehen sind. Dadurch sind die Fahrzeuge heute nahezu über das gesamte Bundesgebiet verteilt. Ein Teil des Bestands ist zudem noch betriebsfähig und kann regelmäßig im Einsatz erlebt werden.
Dieser Führer soll einen Einblick in die Vielfalt der Triebfahrzeuge des DB Museums geben – von den großen Schnellzugdampflokomotiven der 1930er-Jahre über Elektro- und Diesellokomotiven sowie Triebwagen bis hin zu den kleinen Schienenbussen, die ab den 1950er-Jahren als »Retter der Nebenbahnen« unterwegs waren. Neben kurzen historischen Abrissen enthält das Buch auch die Betriebsnummern und Standorte der Fahrzeuge und vermittelt damit einen Überblick darüber, wo welches Exponat heute besichtigt werden kann.
Eine interessante Lektüre wünscht

Jan Reiners Bremen

INHALT

DAMPFLOKOMOTIVEN 6-51

ELEKTROLOKOMOTIVEN 52-93

DIESELLOKOMOTIVEN 94-115

KLEINLOKOMOTIVEN 116-121

TRIEBWAGEN 122-143

Der »Adler«

Am Anfang der deutschen Lokomotivgeschichte steht der »Adler«, der als erste betriebsfähige Dampflokomotive auf deutschem Boden gilt. Da es in der ersten Hälfte des 19. Jahrhunderts noch keine eigenständige deutsche Lokomotivindustrie gab, holte ihn die Ludwigs-Eisenbahn-Gesellschaft in Nürnberg samt Maschinisten aus England, wo der Lokomotivbau technisch weiterentwickelt war. Hersteller war die Lokfabrik Stephenson, eines der führenden Unternehmen im frühen Dampflokomotivbau. Die Maschine mit der Fabriknummer 118 besitzt einen Treib- und zwei Laufradsätze. Auf dem zweiachsigen Schlepptender für Betriebsvorräte wurde der Überlieferung nach Fassbier als erstes Ladegut mitgeführt. Stephenson wählte eine Spurweite von 1.435 mm, die sich im Laufe der Jahrzehnte zur europäischen Normalspur entwickelte.

Die Lok besteht aus einem mit Blech verkleideten Holzrahmen, auf dem sich der Kessel und eine einfache Führerplattform befinden. Die beiden innenliegenden Zylinder arbeiten mit Nassdampf auf einen Treibradsatz. Um enge Radien befahren zu können, besitzt dieser im Gegensatz zu den beiden Laufradsätzen keine Spurkränze. Eine Spindelbremse wirkt ausschließlich auf die beiden rechten Räder des Tenders. Nach 22 Betriebsjahren wurde der »Adler« 1857 ausgemustert und verschrottet. Weil er jedoch den Beginn der Eisenbahn in Deutschland markierte, entschloss sich die Deutsche Reichsbahn zum 100. Bahnjubiläum 1935, einen originalgetreuen Nachbau des Zugs anzufertigen. Lok und Wagen waren vollständig betriebsfähig. 1938 kamen sie in das Verkehrsmuseum Nürnberg. Dort überstand der Zug den Zweiten Weltkrieg und konnte später auch auf Strecken der Deutschen Bundesbahn bewundert werden. Im Jahr 2005 wurden Lok und Wagen beim Brand im Depot des Museums schwer beschädigt. Man entschloss sich dennoch zu einem Wiederaufbau, der im Oktober 2007 abgeschlossen wurde – allerdings mit nur noch drei statt der zuvor fünf Wagen.

Baureihe	**»Adler«**
Bauart	**1A1 n2**
Länge über Puffer (mit Tender)	**7.260 mm**
Durchmesser Treib- und Kuppelrad	**1.372 mm**
Durchmesser Laufrad	**915 mm**
Radsatzstand (Lok)	**5.504 mm**
Höchstgeschwindigkeit	**28 km/h**
Leistung	**21 PSi**
Dienstmasse (ohne Tender)	**15,2 t**
Indienststellung	**1835**

Die »Saxonia«

Die »Saxonia« war die erste in Deutschland gebaute Dampflokomotive und gilt als Meilenstein des deutschen Lokomotivbaus. Sie wurde von der Leipzig-Dresdner Eisenbahn-Compagnie 1838 in Dienst gestellt und zwischen Leipzig und Dresden eingesetzt. Sie fuhr bis 1849 und wurde anschließend verschrottet.

Konstrukteur war Professor Johann Andreas Schubert. Gefertigt wurde die Lokomotive in der 1837 gegründeten Maschinenbauanstalt Übigau bei Dresden, in der Schubert als Leiter tätig war.

Auf dem hölzernen Rahmen mit angenieteten Achshaltern befinden sich ein liegender Langkessel mit 88 Heizrohren aus Kupfer, ein stehender zylinderförmiger Stehkessel mit gewölbter Decke sowie eine Plattform für das Personal. Auf dem Langkessel ist der Reglerdom mit Flachschieberregler angeordnet.

Zwei angetriebene Radsätze und ein Nachläufer bilden das Laufwerk. Die beiden Nassdampfzylinder arbeiten über ein Innentriebwerk auf den hinteren Radsatz, der über Kuppelstangen mit dem vorderen verbunden ist. Der Laufradsatz wurde bereits 1840 ausgebaut, da er als nicht erforderlich angesehen wurde. 1842 trat jedoch eine Verordnung in Kraft, nach der keine zweiachsigen Lokomotiven mehr betrieben werden durften. Daraufhin erhielt die Lokomotive ihren Nachlaufradsatz wieder.

Eine Bandbremse sorgte zunächst für die Verzögerung der Lokomotive. Sie wirkte auf die Triebräder, wurde später jedoch wegen des starken Verschleißes ausgebaut.

Auf dem zweiachsigen Tender mit hölzernem Fachwerkrahmen befindet sich ein hufeisenförmiger Wasserkasten, in dessen Mitte die Kohle gelagert wurde.

1937 baute das Reichsbahnausbesserungswerk Leipzig eine vereinfachte Ausführung der Lokomotive für den Einsatz auf der Straße. Zum 150. Jubiläum der Bahnverbindung zwischen Leipzig und Dresden fertigte die Reichsbahn 1989 einen betriebsfähigen Nachbau. Er wird vom Verkehrsmuseum Dresden betreut und kann bis heute besichtigt werden.

Baureihe	**»Saxonia«**
Bauart	**B1 n2**
Länge über Puffer (mit Tender)	**8.370 mm**
Durchmesser Treib- und Kuppelrad	**1.524 mm**
Durchmesser Laufrad	**990 mm**
Radsatzstand (Lok)	**2.962 mm**
Höchstgeschwindigkeit	**50 km/h**
Leistung	**54 PSi**
Dienstmasse (ohne Tender)	**15 t**
Indienststellung	**1838**

Die »Pfalz«

Die »Pfalz« wurde 1853 von der Münchener Lokomotivfabrik Maffei für die Pfälzische Ludwigsbahn-Gesellschaft geliefert. Sie besitzt die Radsatzfolge 2A und gehört somit zur Bauart »Crampton«. Diese Ausführung weist einen tief liegenden Kessel und einen großen Radsatzstand auf, was für einen ruhigen Lauf sorgen sollte. Die großen Treibräder befinden sich hinten neben dem schmalen Führerstand.

Der Lückenschluss zur Hessischen Ludwigsbahn und die Eröffnung der Bahnstrecke zwischen Mainz und Ludwigshafen machten die Beschaffung von vier baugleichen Maschinen erforderlich. Zudem wurden Lokomotiven für Schnellzüge zwischen Mainz und Paris benötigt.

Die Lokomotiven beförderten bevorzugt Züge zwischen den Lokwechselbahnhöfen Worms und Neunkirchen. Außerdem kamen sie vor Hofzügen zum Einsatz.

Die Laufradsätze sind im Hauptrahmen gelagert. Der Treibradsatz wurde hinter dem Stehkessel angeordnet. Die »Pfalz« zählt zu den ersten Maschinen, die einen Wetterschutz für das Fahrpersonal erhielten. Zwar blieb der Führerstand weiterhin offen, doch die hohe Stirnwand schützte das Personal, da die Lok mit ihren 200 PS eine Höchstgeschwindigkeit von nahezu 100 km/h erreichen konnte.

1879 schied die »Pfalz« aus dem aktiven Dienst aus und wurde später verschrottet. 1925 entstand im Reichsbahnausbesserungswerk Weiden ein Nachbau, bei dem einige erhalten gebliebene Teile des Originals verwendet werden konnten. Anlass war die Einweihung des neuen Ausstellungsgebäudes des Verkehrsmuseums in Nürnberg. Zunächst war die Deutsche Reichsbahn Eigentümerin des Nachbaus, später ging dieser in den Besitz der Deutschen Bundesbahn über.

Der letzte Einsatz unter eigenem Dampf fand 1985 im Rahmen der Fahrzeugparade zum 150-jährigen Jubiläum der Eisenbahn in Deutschland statt. Heute steht die Maschine im DGEG-Eisenbahnmuseum Neustadt/Weinstraße und kann dort besichtigt werden.

Baureihe	**»Pfalz«**
Bauart	**2A n2**
Länge über Puffer (mit Tender)	**13.000 mm**
Durchmesser Treib- und Kuppelrad	**1.830 mm**
Durchmesser Laufrad	**1.220 mm**
Radsatzstand (Lok)	**keine Angabe**
Höchstgeschwindigkeit	**≈ 100 km/h**
Leistung	**200 PSi**
Dienstmasse (ohne Tender)	**27 t**
Indienststellung	**1853**

Die »Phoenix«

Die »Phoenix« gehört zur Gattung IX (ab 1868 Gattung II a), die von der Großherzoglich Badischen Staatseisenbahn beschafft wurde. Lieferant war die Maschinenbau-Gesellschaft Karlsruhe, die zu den bedeutenden Lokomotivherstellern Süddeutschlands zählte.

Die Lok der Bauart »Crampton« zeichnet sich durch einen tiefliegenden Kessel und einen langen Radsatzstand aus. Die Triebräder sind hinter dem Stehkessel angeordnet und konnten mit einem Durchmesser von 2.134 mm ausgeführt werden. Große Treibräder laufen mit weniger Umdrehungen und gewährleisten so einen störungsfreien Betrieb der Kesselspeisepumpe, die von ihnen angetrieben wird.

Zunächst waren die Lokomotiven für eine Breitspur von 1.600 mm konzipiert, wurden aber wegen der Umspurung des Streckennetzes gleich für die Normalspur gefertigt. Ursprünglich waren die Fahrzeuge als reine Güterzugmaschinen vorgesehen. Mit der Umstellung auf Normalspur wurde der Entwurf jedoch zu einer Schnellzuglokomotive weiterentwickelt.

Der Kessel der »Phoenix« weist eine Rostfläche von 0,9 m^2 und eine Heizfläche von 79,8 m^2 auf. Der Dampfdruck beträgt 8 bar. Im Tender können 5,8 m^3 Wasser mitgeführt werden.

Die Lok besitzt einen Außenrahmen mit außen montierten Zylindern. Zunächst war der Führerstand offen und lediglich mit einem Geländer gesichert. Erst später sorgte ein einfaches Führerhaus mit schmalen Seitenwänden für einen verbesserten Schutz des Lokpersonals.

Als die Reibungsmasse von etwa 12 t nicht mehr ausreichte, um die immer schwerer werdenden Schnellzüge zu befördern, wurden die Lokomotiven zunächst in den leichteren Reisezugdienst und später in den Rangierdienst versetzt. Sie wurden anschließend überwiegend zum Verschub in Mannheim eingesetzt.

Im Zweiten Weltkrieg erlitt die Lok schwere Beschädigungen. 1960 wurde sie im Ausbesserungswerk München-Freimann restauriert und ist heute im Verkehrsmuseum Nürnberg zu sehen.

Baureihe	**»Phoenix«**
Bauart	**2A n2**
Länge über Puffer (mit Tender)	**12.580 mm**
Durchmesser Treib- und Kuppelrad	**2.134 mm**
Durchmesser Laufrad	**1.220 mm**
Radsatzstand (Lok)	**3.750 mm**
Höchstgeschwindigkeit	**90 km/h**
Leistung	**keine Angabe**
Dienstmasse (ohne Tender)	**28,5 t**
Indienststellung	**1863**

Baureihe 01

Im ersten Typenplan der 1920 gegründeten Deutschen Reichsbahn-Gesellschaft war die 01 als Zweizylinder-Schnellzuglokomotive vorgesehen. Ab 1926 führten die Lokomotivversuchsanstalt (LVA) Grunewald und der Betriebsdienst mit zehn Vorserienmaschinen umfangreiche Messfahrten durch. Auf Basis der gewonnenen Ergebnisse entschloss sich die Reichsbahn, die Lokomotive in Serie zu beschaffen. Insgesamt wurden 241 Maschinen gebaut. Dabei entstanden zehn Exemplare durch den Umbau aus der 02.

Nach dem Zweiten Weltkrieg verblieben 171 Exemplare bei der Bundesbahn, während 70 zur Reichsbahn der DDR gelangten.

1950 und 1951 erhielten fünf Maschinen der DB Henschel-Mischvorwärmer und Verbrennungskammern. Weitere 50 DB-Lokomotiven bekamen einen neuen Kessel, ebenfalls mit Verbrennungskammer. Durch den flachen Schornstein und die fehlenden Frontschürzen – die durch ein Laufbrett mit angehängten Stirnlampen ersetzt wurden – erhielten die Lokomotiven ein deutlich verändertes Aussehen. Der Umbau betraf ausschließlich Maschinen, deren Vorlaufdrehgestell einen Raddurchmesser von 1.000 mm aufwies.

Auch die Deutsche Reichsbahn modernisierte einen Teil ihrer 01 und gliederte sie unter der Bezeichnung 01^5 wieder in ihren Bestand ein (siehe Seite 11).

Die umgebauten Maschinen wurden gemeinsam mit den Altbau-Lokomotiven eingesetzt und waren standen in weiten Teilen Deutschlands im Einsatz. Die letzten Hochburgen waren bis 1973 das Bw Hof bei der DB sowie Dresden bis 1978 und Saalfeld bis 1981 bei der DR. Die letzte planmäßig eingesetzte Altbau-01 war die 01 2204, die im Juni 1982 vom Bw Wismar aus letztmalig im regulären Planbetrieb lief.

Das DB-Museum besitzt heute die Lokomotiven 01 137, 01 150, 01 164 und 01 220. Während die 01 150 noch betriebsfähig ist, steht die 01 220 heute als Denkmal in Treuchtlingen und erinnert dort an die Ära der schweren Schnellzug-Dampflokomotiven.

Baureihe	**01**
Bauart	**2'C1' h2**
Länge über Puffer (mit Tender)	**23.940 mm**
Durchmesser Treib- und Kuppelrad	**2.000 mm**
Durchmesser Laufrad (vorn)	**800 / 1.000 mm**
Durchmesser Laufrad (hinten)	**1.250 mm**
Radsatzstand (Lok)	**12.400 mm**
Höchstgeschwindigkeit	**120 / 130 km/h**
Leistung	**2.330 / 2.240 / 2.450 PSi**
Dienstmasse (ohne Tender)	**109 / 111 t**
Indienststellung	**1925–1937**
Museumsloks	**01 137, 01 150, 01 164, 01 220**

Baureihe 01^5

Ende der 1950er-Jahre war die Deutsche Reichsbahn der DDR weiterhin auf die 01 angewiesen. Daher wurden in den frühen 1960er-Jahren insgesamt 35 Maschinen rekonstruiert Zunächst war lediglich der Einbau eines geschweißten Kessels vorgesehen, doch aufgrund des insgesamt schlechten Zustands der Lokomotiven waren wesentlich tiefgreifendere Umbauten notwendig, die die Fahrzeuge in vielerlei Hinsicht nahezu zu neuen Maschinen machten und ihre Einsatzfähigkeit deutlich verbesserten.

Im Zuge der Umbauten wurde der Kessel höher gesetzt, und der Kesselscheitel erhielt eine durchgehende Verkleidung. Die bisherigen Führerhäuser wurden durch geschweißte ersetzt. Die Rauchkammern erhielten kegelförmige Türen ohne Zentralverschluss, was das äußere Erscheinungsbild zusätzlich veränderte. Das äußere Erscheinungsbild wich dadurch deutlich von dem der ursprünglichen Maschinen ab, sodass die Loks als 01^5 eingereiht wurden.

Die 01 504 war zunächst mit einem Giesl-Flachejektor ausgestattet, der später durch einen runden Kamin ersetzt wurde. Zudem fuhren zehn Lokomotiven zeitweise mit Boxpok-Rädern, die jedoch bis 1974 gegen neue verstärkte Speichenräder getauscht wurden. Ab der 01 519 wurde serienmäßig eine Ölhauptfeuerung eingebaut, während die übrigen Lokomotiven bis auf sechs zwischen 1965 und 1966 entsprechend nachgerüstet wurden.

Nach Abschluss der Umbauten wurden die Lokomotiven gemeinsam mit den ursprünglichen Maschinen der Baureihe 01 im schweren Schnellzugverkehr eingesetzt und erreichten dabei regelmäßig auch westdeutsche Bahnhöfe wie Bebra oder Hamburg-Altona. Nachdem der Einsatz in Erfurt beendet worden war, wurden die Maschinen nach Pasewalk und Saalfeld verlegt. Im Saaletal endete 1982 schließlich die Laufbahn dieser wohl erfolgreichsten Ausführung der Baureihe 01. Von der Baureihe 01^5 blieb bei der Deutschen Bahn lediglich die 01 531 erhalten, die heute in Arnstadt besichtigt werden kann.

Baureihe	01^5
Bauart	2'C1' h2
Länge über Puffer (mit Tender)	24.330 mm
Durchmesser Treib- und Kuppelrad	2.000 mm
Durchmesser Laufrad (vorn)	1.000 mm
Durchmesser Laufrad (hinten)	1.250 mm
Radsatzstand (Lok)	12.400 mm
Höchstgeschwindigkeit	130 km/h
Leistung	2.240 PSi
Dienstmasse (ohne Tender)	111 t
Indienststellung	1962–1965
Museumslok	01 531

Baureihe 01^{10}

In den 1930er-Jahren suchte die Deutsche Reichsbahn nach einer Dampflokomotive, die Schnellzüge mit bis zu 150 km/h befördern konnte. Die Wahl fiel auf eine leistungsstarke Dreizylinder-Maschine mit Stromlinienverkleidung.
Durch den Zweiten Weltkrieg entstanden von den geplanten 400 Exemplaren nur 55, von denen 54 nach 1949 zur Bundesbahn gelangten.
Schon bald zeigten sich Probleme mit der Stromlinienverkleidung. Wartungs- und Instandhaltungsarbeiten waren aufwändig, zudem fehlte den Triebwerken die Kühlung durch den Fahrtwind. Daher entfernte die Bundesbahn zunächst die Verkleidung im Bereich der Triebwerke und senkte die zulässige Höchstgeschwindigkeit auf 140 km/h. Zwischen 1949 und 1951 wurde schließlich die gesamte Verkleidung abgebaut.
Zur Sicherung des weiteren Einsatzes erhielten die Lokomotiven zwischen 1953 und 1957 neue, geschweißte Hochleistungskessel mit Verbrennungskammern und Mischvorwärmern. Um die Leistungsfähigkeit weiter zu steigern, wurden zwischen 1956 und 1958 insgesamt 34 Maschinen auf Ölfeuerung umgebaut. Dadurch zählten die 01^{10} zu den leistungsfähigsten Schnellzuglokomotiven der Bundesbahn.
Ab 1963 wurden die Lokomotiven aus Bebra abgezogen, 1968 folgte Osnabrück. Die kohlegefeuerten Maschinen kamen nach Kassel und Rheine und schieden dort bis Ende 1972 aus. Die ölgefeuerten Lokomotiven wurden nach Hamburg-Altona umgesetzt. Im Winterfahrplan 1972 / 73 waren alle verbliebenen 01^{10} in Rheine konzentriert. Am 31. Mai 1975 zog die 012 081 den letzten planmäßigen Schnellzug der Bundesbahn mit einer Dampflokomotive.
Zum 150. Jubiläum der Eisenbahn in Deutschland wurde die 01 1100 im Jahr 1985 betriebsfähig aufgearbeitet. Sie befindet sich derzeit in Restaurierung in Oberhausen. Außerdem sind die 01 1056 in Darmstadt sowie die 01 1063 als Denkmal in Braunschweig erhalten.

Baureihe	**01^{10}**
Bauart	**2'C1' h3**
Länge über Puffer (mit Tender)	**24.130 mm**
Durchmesser Treib- und Kuppelrad	**2.000 mm**
Durchmesser Laufrad (vorn)	**1.000 mm**
Durchmesser Laufrad (hinten)	**1.250 mm**
Radsatzstand (Lok)	**12.400 mm**
Höchstgeschwindigkeit	**150 km/h**
Leistung	**2.120 / 2.350 / 2.470 PSi***
Dienstmasse (ohne Tender)	**111 t**
Indienststellung	**1939–1940**
Museumsloks	**01 1056, 01 1063, 01 1100**

*** Ursprungsausführung / kohlegefeuerte Loks / ölgefeuerte Loks**

Baureihe 03

Im Typenprogramm von 1923/24 war als Schnellzuglokomotive ausschließlich die 01 mit einer maximalen Radsatzlast von 20 Tonnen vorgesehen. Aufgrund der angespannten Finanzlage konnte die Reichsbahn ihre Strecken jedoch nicht schnell genug auf diese höhere Radsatzlast ertüchtigen, sodass die 01 besonders in norddeutschen Direktionen nur eingeschränkt eingesetzt werden konnte.

Deshalb forderte die Reichsbahn die Entwicklung einer leichteren Schnellzuglok mit einer maximalen Radsatzlast von 17,5 Tonnen. Diese entstand ab 1930 in insgesamt 295 Exemplaren als 03.

Die 03 hatte einen kleineren Kessel und Zylinder als die 01; auch der Rahmen war leichter. Die meisten Lokomotiven waren mit Tendern der Bauart 2'2' T 34 ausgestattet. Einige Maschinen liefen jedoch mit Tendern der Bauart 2'2' T 32. Für den Einsatz auf niederländischen Strecken erhielten mehrere Loks kürzere Tender der Bauart 2'2' T 30, sodass sie sich auf den dortigen Drehscheiben wenden ließen.

Die 03 war überwiegend in Nord- und Ostdeutschland beheimatet. Nach dem Zweiten Weltkrieg gingen 86 Maschinen an die Reichsbahn der DDR und 144 an die Bundesbahn.

Ab 1960 entwickelte sich Rheine zum zentralen Einsatz- und Instandhaltungsstandort für die 03 der Bundesbahn. Ende der 1960er-Jahre wurden die verbliebenen Maschinen nach Süddeutschland umgesetzt, wo sie bis 1972 von Ulm nach Friedrichshafen eingesetzt wurden.

Die 03 der Reichsbahn blieben deutlich länger im Dienst. Ab 1960 erhielten einige Maschinen Mischvorwärmer und neue Hinterkessel; ab 1969 wurden zudem 52 Lokomotiven mit modernen Reko-Kesseln ausgestattet. Zu den wichtigsten Einsatzschwerpunkten zählten Berlin, Leipzig, Magdeburg und Lutherstadt-Wittenberg. Die letzte planmäßige Leistung wurde am 12. September 1980 von der 03 2117 aus Oebisfelde erbracht.

Die 03 001 blieb als nicht betriebsfähige Museumslok erhalten und steht heute im Park des DB Museums in Dresden.

Baureihe	**03**
Bauart	**2'C1' h2**
Länge über Puffer (mit Tender)	**23.905 mm**
Durchmesser Treib- und Kuppelrad	**2.000 mm**
Durchmesser Laufrad (vorn)	**850 / 1.000 mm**
Durchmesser Laufrad (hinten)	**1.250 mm**
Radsatzstand (Lok)	**12.000 mm**
Höchstgeschwindigkeit	**130 km/h**
Leistung	**1.980 PSi**
Dienstmasse (ohne Tender)	**100 t**
Indienststellung	**1930–1937**
Museumslok	**03 001**

Baureihe 03^{10}

Die dreizylindrige, stromlinienverkleidete 03^{10} war eine ab 1939 gebaute Weiterentwicklung der bewährten zweizylindrigen 03. Sie war für den Einsatz vor schnellen Reisezügen auf Strecken mit einer zulässigen Radsatzlast von unter 20 Tonnen vorgesehen.

Borsig lieferte 1939 die beiden Vorserienlokomotiven 03 1001 und 03 1002. Ursprünglich waren 140 Maschinen geplant, doch der Ausbruch des Zweiten Weltkriegs machte diese Pläne zunichte, sodass letztlich nur 60 Exemplare gebaut wurden. Während die von Krupp und Krauss-Maffei gelieferten Lokomotiven vollständig verkleidete Triebwerke besaßen, stattete Borsig seine Maschinen mit teilweise ausgeschnittenen Verkleidungen aus, um Wartungsarbeiten zu erleichtern.

Die Lokomotiven waren anfangs für eine Höchstgeschwindigkeit von 150 km/h zugelassen, ab 1941 jedoch nur noch für 140 km/h. Zunächst liefen die 03^{10} vor allem in Süddeutschland und Österreich. Später konzentrierte man ihren Einsatz auf Bahnbetriebswerke in Polen. Nach Kriegsende verblieben 26 Exemplare bei der Deutschen Bundesbahn und 21 bei der Deutschen Reichsbahn der DDR.

In den frühen 1950er-Jahren entfernten beide deutschen Bahnen die Stromlinienverkleidungen. Mitte des Jahrzehnts traten an den Kesseln erste Ermüdungserscheinungen auf. Da die Maschinen weiterhin benötigt wurden, erhielten sie neue Kessel. Die bei der Bundesbahn verbliebenen Lokomotiven bekamen zwischen 1957 und 1961 moderne, geschweißte Hochleistungskessel und Kohlenkastenabdeckungen. Die Maschinen 03 1014, 03 1022 und 03 1043 wurden in den frühen 1950er-Jahren – passend zu den »blauen« F-Zügen – ebenfalls entsprechend blau lackiert. Ab 1966 wurden die 03^{10} bei der Bundesbahn schrittweise ausgemustert.

Die 03^{10} der Reichsbahn erhielten geschweißte Reko-Kessel wurden ab 1965 auf Ölhauptfeuerung umgebaut. Ihr Heimat-Bahnbetriebswerk war bis 1980 Stralsund.

In Deutschland vertritt heute die wieder rostgefeuerte 03 1010 die Baureihe 03^{10}.

Baureihe	**03^{10}**
Bauart	**2'C1' h3**
Länge über Puffer (mit Tender)	**23.905 mm**
Durchmesser Treib- und Kuppelrad	**2.000 mm**
Durchmesser Laufrad (vorn)	**1.000 mm**
Durchmesser Laufrad (hinten)	**1.250 mm**
Radsatzstand (Lok)	**12.000 mm**
Höchstgeschwindigkeit	**150 km/h**
Leistung	**1.790 PSi**
Dienstmasse (ohne Tender)	**103,4 t**
Indienststellung	**1939–1940**
Museumslok	**03 1010**

Baureihe 05

Bereits 1932 plante die Reichsbahn den Bau einer Dampflokomotive, die Geschwindigkeiten von über 150 km/h erreichen und damit neue Maßstäbe setzen sollte. Ein Jahr später erhielt die Berliner Lokomotivfabrik Borsig den Auftrag, zwei vollständig verkleidete Maschinen mit einem Treib- und Kuppelraddurchmesser von 2.300 mm zu bauen. Sie wurden als 05 001 und 05 002 von der Reichsbahn übernommen.

Schon während des Baus traten jedoch ernsthafte Bedenken auf. Man befürchtete, dass das Lokpersonal bei Geschwindigkeiten von bis zu 175 km/h die Strecke und insbesondere die Signale nicht mehr sicher beobachten könne. Aus diesem Grund ließ die Reichsbahn bei Borsig die 05 003 bauen. Mit den denselben technischen Eckdaten bekam sie einen vorn liegenden Führerstand sowie eine Kohlenstaubfeuerung. In der praktischen Erprobung bewährte sich diese Feuerungsart jedoch nicht, weshalb die Lok 1945 in eine herkömmliche, rostgefeuerte Maschine ohne Verkleidung umgebaut wurde.

Nach dem Zweiten Weltkrieg gelangten alle drei Lokomotiven zur Bundesbahn. Anfang der 1950er-Jahre wurden sie bei Krauss-Maffei grundlegend modernisiert. Dabei entfernte man die Stromlinienverkleidung und montierte bei allen Maschinen kleine Windleitbleche. Um die Kessel zu schonen, senkte man den Kesseldruck von 20 auf 16 bar.

Die drei Lokomotiven wurden von Hamm aus im hochwertigen Schnellzugdienst eingesetzt. Zu ihren Leistungen gehörten bekannte Züge wie der F 13 / 14 »Dompfeil« und der F 1 / 2 »Hanseat«. Mit der Einführung der Diesellokomotiven der Baureihe V 200 verloren die Maschinen der Baureihe 05 jedoch zunehmend ihren Einsatzbereich und wurden schließlich 1958 aus dem regulären Dienst genommen.

Die 05 001 blieb als technisches Denkmal erhalten. Sie erhielt auf einer Seite wieder ihre markante rote Verkleidung und ist heute im Verkehrsmuseum Nürnberg ausgestellt.

Baureihe	**05**
Bauart	**2'C2' h3**
Länge über Puffer (mit Tender)	**26.265 / 27.000 mm***
Durchmesser Treib- und Kuppelrad	**2.300 mm**
Durchmesser Laufrad (vorn)	**1.100 mm**
Durchmesser Laufrad (hinten)	**1.100 mm**
Radsatzstand (Lok)	**13.900 mm**
Höchstgeschwindigkeit	**175 km/h**
Leistung	**2.360 PSi**
Dienstmasse (ohne Tender)	**129 t**
Indienststellung	**1935**
Museumslok	**05 001**
*** 05 001, 05 002 / 05 003**	

Baureihe 15

Zu Beginn des 20. Jahrhunderts erfasste ein regelrechter Geschwindigkeitsrausch die europäischen Eisenbahnen. Auch in Deutschland überboten sich die einzelnen Bahnverwaltungen mit Schnellfahrversuchen. In diesem Umfeld gab die Königlich Bayerische Staatsbahn im Jahr 1905 den Bau einer Dampflokomotive in Auftrag, die speziell für Hochgeschwindigkeitsfahrten ausgelegt sein sollte.

Unter der Leitung des Chefkonstrukteurs Anton Hammel lieferte die Lokomotivfabrik Maffei in München 1906 die S 2/6 mit der Betriebsnummer 3201 ab. Bereits kurz nach ihrer Fertigstellung wurde die Maschine auf der Nürnberger Verkehrsausstellung präsentiert, wo sie großes öffentliches Interesse hervorrief und als Symbol moderner Ingenieurskunst galt.

Die Lokomotive ist eine Vierzylinder-Heißdampf-Verbundmaschine mit Barrenrahmen und einer konstruktiv vorgesehenen Höchstgeschwindigkeit von 150 km/h. Ihre Radsatzfahrmasse beträgt 16 Tonnen und entsprach damit den damaligen Streckenanforderungen. Bei der Konstruktion wurde besonderer Wert auf eine möglichst günstige aerodynamische Form gelegt. Vor den Zylindern befand sich eine gewölbte Verkleidung, die Rauchkammertür war kegelförmig gestaltet, und sowohl Schornstein als auch Dampfdom erhielten stromlinienartig ausgeformte Windschneiden, die den Luftwiderstand reduzieren sollten.

Im Juli 1907 stellte die S 2/6 einen Rekord auf. Mit einem 150 Tonnen schweren Versuchszug erreichte sie auf der Strecke zwischen München und Augsburg eine Geschwindigkeit von 154,5 km/h. Dieser Wert stellte einen Weltrekord dar und demonstrierte eindrucksvoll das hohe technische Niveau der bayerischen Lokomotivkonstruktion jener Zeit.

Zunächst war die Maschine in München beheimatet, wechselte 1910 nach Ludwigshafen und bespannte von dort Schnellzüge nach Straßburg und Bingerbrück. Im Jahr 1922 kehrte sie nach München zurück, ein Jahr später wurde sie nach Augsburg versetzt. Die von der Reichsbahn vorgesehene Betriebsnummer 15 001 trug sie tatsächlich nie. 1925 wurde die Lokomotive außer Dienst gestellt und als technisches Denkmal in das Verkehrsmuseum Nürnberg überführt, wo sie bis heute als herausragendes Zeugnis einer frühen Epoche der Hochgeschwindigkeitslokomotiven erhalten geblieben ist.

Baureihe	**15**
Bauart	**2'B2' h4v**
Länge über Puffer (mit Tender)	**21.182 mm**
Durchmesser Treib- und Kuppelrad	**2.200 mm**
Durchmesser Laufrad (vorn)	**1.006 mm**
Durchmesser Laufrad (hinten)	**1.006 mm**
Radsatzstand (Lok)	**11.700 mm**
Höchstgeschwindigkeit	**150 km/h**
Leistung	**2.200 PSi**
Dienstmasse (ohne Tender)	**83,4 t**
Indienststellung	**1906**
Museumslok	**15 001**

18 201

Nach dem Zweiten Weltkrieg benötigte die Versuchs- und Entwicklungsstelle der Maschinenwirtschaft (VES-M) Halle (Saale) dringend eine schnellfahrende Lokomotive, um neue Reisezugwagen mit einer Höchstgeschwindigkeit von 160 km/h unter realistischen Betriebsbedingungen testen zu können. Deshalb entstand Anfang der 1960er-Jahre im RAW Meiningen aus der 175 km/h schnellen Stromlinien-Tenderlokomotive 61 002 die Schnellzug-Schlepptenderlok 18 201, die speziell für Versuchs- und Messfahrten vorgesehen war.

Für den Umbau wurden die äußeren Zylinder, das hintere Rahmenteil sowie der Schleppradsatz mit Rückstellvorrichtung von der H 45 024 übernommen. Der vorhandene Kessel wurde durch einen Reko-Kessel vom Typ 39 E ersetzt, während der Innenzylinder neu konstruiert wurde.

Die Lokomotive, die als Versuchs- und Bremslokomotive für die VES-M Halle vorgesehen war, erhielt eine Riggenbach-Gegendruckbremse, einen Giesl-Flachejektor sowie eine Indusi-Anlage und wurde 1967 mit einer Ölhauptfeuerung ausgestattet. Ihre markante Erscheinung erhielt sie durch eine Teilverkleidung sowie eine bewusst auffällige grüne Lackierung mit weißen Zierstreifen, die sie deutlich von anderen Dampflokomotiven abhob.

Die 18 201 war im Bw Halle P stationiert und wurde sowohl im Versuchsbetrieb als auch im Schnell- und Eilzugverkehr eingesetzt. Bei einer Versuchsfahrt im Jahr 1972 erreichte sie eine Geschwindigkeit von 182,4 km/h. Mit der Einführung der EDV-Nummern im Jahr 1970 erhielt sie die Bezeichnung 02 0201. In den frühen 1970er-Jahren wurde sie zur Traditionslokomotive und blieb bis zu ihrer Abstellung 1997 die schnellste betriebsfähige Dampflokomotive der Welt.

Im August 2019 wurde die Lokomotive, die zuvor von der Dampf-Plus GmbH betrieben worden war, an die Wedler & Franz GbR verkauft. Nach dem Verkauf wurde sie nach Neustrelitz überführt, kehrte jedoch im September 2020 wieder nach Nossen zurück.

	18 201
Radsatzfolge	**2'C1' h3**
Länge über Puffer (mit Tender)	**25.145 mm**
Durchmesser Treib- und Kuppelrad	**2.300 mm**
Durchmesser Laufrad (vorn)	**1.100 mm**
Durchmesser Laufrad (hinten)	**1.250 mm**
Radsatzstand (Lok)	**14.285 mm**
Höchstgeschwindigkeit	**175 km/h**
Leistung	**2.155 PSi**
Dienstmasse (ohne Tender)	**113,6 t**
Indienststellung	**1961**
Museumslok	**18 201**

Baureihe 18^3

Nachdem die badische Lokomotivgattung IV f (Baureihe 18^2) die ihr zugeteilten Aufgaben nur unzureichend erfüllen konnte, beschaffte die Badische Staatsbahn noch vor dem Ersten Weltkrieg leistungsstärkere Schnellzuglokomotiven. Unter der Leitung von Anton Hammel erhielt der Münchener Hersteller J. A. Maffei den Auftrag zur Entwicklung einer neuen Bauart. Ziel war es, den steigenden Anforderungen im Schnellzugdienst auf den Hauptstrecken gerecht zu werden.
Die drei 1915 bestellten Exemplare konnten kriegsbedingt erst 1918 ausgeliefert werden; die restlichen Maschinen folgten bis 1920. Die Lokomotiven erhielten die Gattungsbezeichnung IV h1 und wurden dem Bahnbetriebswerk Offenburg zugeteilt. Die Deutsche Reichsbahn-Gesellschaft reihte sie als 18 301 bis 303 sowie 18 311 bis 328 ein.
Alle Lokomotiven außer der 18 326 überstanden den Zweiten Weltkrieg und kamen zur Bundesbahn. Als Splittergattung verschwanden jedoch bis 1949 alle bis auf drei Maschinen aus dem aktiven Dienst. Die Lokomotiven 18 316, 18 319 und 18 323 verblieben für Sonderaufgaben bei der Lokomotiv-Versuchsanstalt (LVA) Minden. Dort erhielten sie neue Kessel sowie kleine Windleitbleche der Bauart Witte. Aufgrund ihres großen Treibraddurchmessers von 2.100 mm eigneten sich diese Lokomotiven besonders für Schnellfahrten; bei Messfahrten erreichten sie Geschwindigkeiten von über 160 km/h.
In den 1960er-Jahren wurden die verbliebenen Maschinen schrittweise durch modernere Lokomotiven ersetzt. Nach einem Triebwerkschaden wurde die 18 319 Anfang Juli 1964 ausgemustert; ihr Kessel mit verlängerter Rauchkammer ging an die 18 316. Im Juli 1969 folgte die Ausmusterung der 18 316, und Anfang Dezember desselben Jahres schied auch die 18 323 – zuvor EDV-gerecht als Baureihe 018^3 bezeichnet – aus. Heute steht sie als Denkmal vor der Fachhochschule in Offenburg.

Baureihe	**18^3**
Bauart	**2'C1' h4v**
Länge über Puffer (mit Tender)	**22.230 / 23.630 mm***
Durchmesser Treib- und Kuppelrad	**2.100 mm**
Durchmesser Laufrad (vorn)	**990 mm**
Durchmesser Laufrad (hinten)	**1.200 mm**
Radsatzstand (Lok)	**12.310 mm**
Höchstgeschwindigkeit	**140 / 150 km/h***
Leistung	**1.950 PSi**
Dienstmasse (ohne Tender)	**97 / 105 t***
Indienststellung	**1918–1920**
Museumslok	**18 323**
*** vor / nach Umbau**	

Baureihe 23

Gleich nach ihrer Gründung sah sich die Deutsche Bundesbahn mit der Notwendigkeit konfrontiert, eine Vielzahl veralteter Dampflokbaureihen zu ersetzen. Besonders die über 40 Jahre alte Baureihe 38^{10-40} musste dringend ersetzt werden. Dazu wurde ein Neubauprogramm ins Leben gerufen, das die Schlepptenderloks der Baureihe 23 für den Personenzugdienst vorsah. Entwürfe wurden von den Firmen Henschel & Sohn, Krauss-Maffei, Krupp und Jung eingereicht, und 1950 lieferte Henschel die ersten neun Lokomotiven. Später beteiligten sich auch Jung, Krupp und die Maschinenfabrik Esslingen am Bau der insgesamt 105 Exemplare. Die letzte Dampflok, die die Bundesbahn in Betrieb nahm, war am 4. Dezember 1959 die 23 105.

Bis zur Lok 23 023 hatten die Maschinen einen Oberflächenvorwärmer sowie Radsätze und Stangen mit Gleitlagern. Ab der 23 053 wurden erstmals Rollenlager verbaut. Zusätzlich erhielten die Loks 23 024, 23 025 sowie die Maschinen 23 053 bis 23 105 einen Mischvorwärmer. Um die Lokomotiven flexibler einsetzen zu können, bekamen 16 von ihnen eine indirekte Wendezugsteuerung. Die ersten Exemplare gingen nach Kempten und Hagen (Westfalen). Im Laufe der Jahre kamen Kaiserslautern, Saarbrücken und Crailsheim als Heimatdienststellen hinzu. Die Baureihe 23 wurde bevorzugt sowohl im schweren Personenverkehr als auch im leichten Schnellzugdienst genutzt und kam auch vor Güterzügen zum Einsatz.

Ende 1971 waren noch 76 Maschinen im Betrieb. Der Einsatz in Saarbrücken endete im Mai 1975, der in Crailsheim im September 1975. Drei Lokomotiven blieben noch bis Dezember 1975 für Sonderdienste im Einsatz. Mit der Ausmusterung der 23 058 am 28. Dezember 1975 schied schließlich die Baureihe 23 aus dem Dienst. Damit überlebte die Baureihe 23 die Baureihe 38^{10-40} nur um ein Jahr. 23 105 gehört zu den Musuemsloks der DB AG. Sie nahm 1985 an den Jubiläumsveranstaltungen Teil.

Baureihe	**23**
Bauart	**1'C1' h2**
Länge über Puffer (mit Tender)	**21.325 mm**
Durchmesser Treib- und Kuppelrad	**1.750 mm**
Durchmesser Laufrad (vorn)	**1.000 mm**
Durchmesser Laufrad (hinten)	**1.250 mm**
Radsatzstand (Lok)	**9.900 mm**
Höchstgeschwindigkeit	**110 km/h**
Leistung	**1.785 PSi**
Dienstmasse (ohne Tender)	**82,8 t**
Indienststellung	**1950–1959**
Museumslok	**23 105**

Baureihe 23^{10}

Die Baureihe 23^{10} war die erfolgreichste Dampflok im Neubauprogramm der Deutschen Reichsbahn der DDR. Wie die DB griff auch die DR bei der Planung einer neuen Dampflok für den Personenzugdienst auf die Entwicklungen der Baureihe 23 aus der Zeit vor dem Zweiten Weltkrieg zurück. Allerdings kam ein einfacher Nachbau der Einheitsbaureihe 23 nicht in Betracht. Stattdessen sollte die neue Lokomotive moderne Konstruktionsprinzipien berücksichtigen. Das Institut für Schienenfahrzeuge (IfS) arbeitete zusammen mit der Technischen Zentralaufsicht (TZA) an der neuen 1'C1'h2-Lokomotive.

Die 23 1001 und 23 1002 wurden 1956 von LKM Babelsberg geliefert und 1957 zur Leipziger Frühjahrsmesse vor Sonderzügen eingesetzt. Die 23 1001 ging danach für Messfahrten zur VES-M nach Halle (Saale). Die 111 Serienlokomotiven wurden zwischen 1956 und 1959 gebaut. Alle Maschinen besitzen einen Blechrahmen und einen vollständig geschweißten Kessel mit Verbrennungskammer. Eine Tenderwand bot dem Personal Schutz bei Rückwärtsfahrten.

Die Lokomotiven wurden vor allem im Raum Cottbus, Greifswald und Schwerin vor fast allen Zuggattungen eingesetzt. Nach Abschluss der Lieferung waren sie in allen Direktionen außer der Direktion Erfurt im Einsatz. 1970 erhielten sie mit der Umstellung auf EDV-gerechte Betriebsnummern die neue Baureihenbezeichnung 35. Bis 1975 waren die Lokomotiven unverzichtbar. Zwischen 1975 und 1977 wurden 89 von ihnen ausgemustert. Die letzte planmäßige Fahrt absolvierte die 35 1106 am 21. Mai 1977. Mit der Ausmusterung der 35 1043 endete 1981 die Ära der Neubaulokomotiven.

Die 23 1113 der DB AG, die letzte gebaute Lokomotive dieser Baureihe, steht heute als Museumslok in Nossen. Die 23 1097 gehört dem Verein IG 58 3047 in Glauchau. In Cottbus steht die 23 1019 beim Lausitzer Dampflok Club e.V. Weitere erhaltene Lokomotiven sind die 23 1021 in Prora und die 23 1074 in Gera.

Baureihe	**23^{10}**
Radsatzfolge	**1'C1' h2**
Länge über Puffer (mit Tender)	**22.660 mm**
Durchmesser Treib- und Kuppelrad	**1.750 mm**
Durchmesser Laufrad (vorn)	**1.000 mm**
Durchmesser Laufrad (hinten)	**1.250 mm**
Radsatzstand (Lok)	**10.100 mm**
Höchstgeschwindigkeit	**110 km/h**
Leistung	**1.700 PSi**
Dienstmasse (ohne Tender)	**87,2 t**
Indienststellung	**1956–1959**
Museumslok	**23 1113**

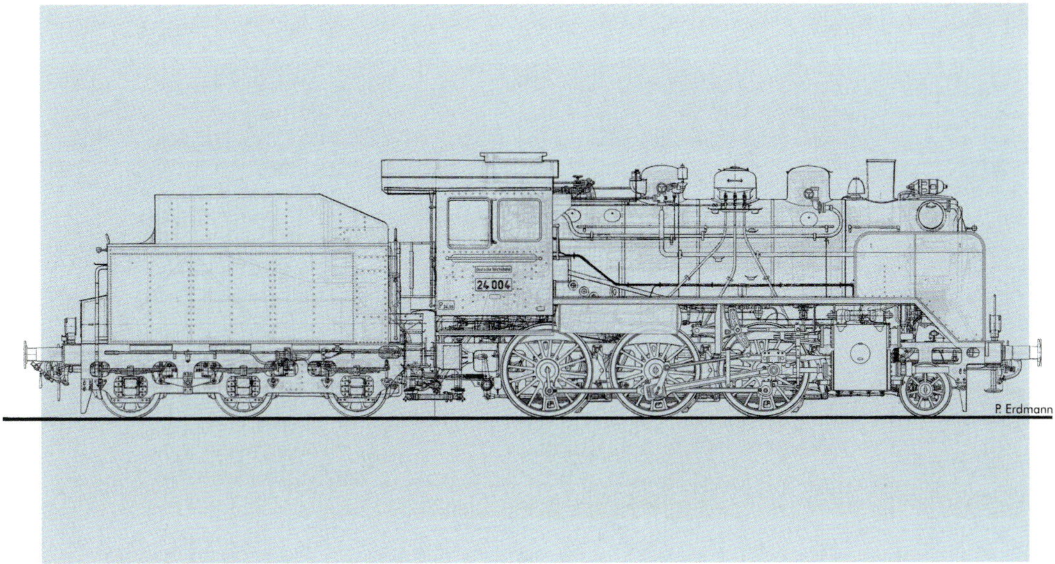

Baureihe 24

Zunächst war im Typenprogramm der Reichsbahn keine Ausführung für den Nebenbahndienst geplant, weil zunächst neue Maschinen für Hauptbahnen benötigt wurden. . Erst später wurde die Baureihe 24 mit Schlepptender genehmigt. 1928 lieferte Schichau die ersten 30 Maschinen. Im November 1940 wurde die 24 095 als letzte Lok abgenommen. Weitere Serien mussten aufgrund des Krieges storniert werden.

Der ursprüngliche Entwurf sah vor, den dritten Kuppelradsatz als Antrieb zu nutzen. Dies hätte jedoch sehr lange Treibstangen erfordert. Daher entschied man sich, den mittleren Radsatz für den Antrieb zu wählen. Die Baureihe 24 war in vielen Teilen baugleich mit Tenderlok-Baureihe 64.

Ein markantes Merkmal der Baureihe 24 ist der nach vorn verschobene Kessel, der eine bessere Gewichtsverteilung ermöglicht. Alle Lokomotiven verfügen über einen Bissel-Laufradsatz mit einem Seitenspiel von ±100 mm. Ab der 24 071 wurden zweiseitig wirkende Laufradbremsen und Scherenbremsen an den Kuppelrädern eingebaut. Mit der 24 064 veränderte sich zudem das äußere Erscheinungsbild der Lokomotiven durch größere Windleitbleche.

Ende der 1930er-Jahre fuhren viele Maschinen auf den langen Nebenbahnen Ostpreußens. Dort erhielten sie den Spitznamen »Steppenpferd«. Nach dem Zweiten Weltkrieg gingen vier Maschinen an die Deutsche Reichsbahn und 48 an die Deutsche Bundesbahn. Bei der Reichsbahn endete der reguläre Einsatz 1968. Die 24 009 blieb bis 1970 als Hilfszugreserve aktiv und erhielt die EDV-Nummer 37 1009. 1972 wurde sie in die Bundesrepublik verkauft. Die 24 067 wurde als letzte Lokomotive der Baureihe 24 bei der DB bereits 1966 ausgemustert.

Heute sind noch drei Lokomotiven der Baureihe 24 erhalten: Die 24 004 der DB AG steht im Lokschuppen Dresden, die 24 009 der gleichnamigen Stiftung befindet sich in Gelsenkirchen-Bismarck, und die 24 083 gehört zur Dampfzug-Betriebs-Gemeinschaft in Loburg.

Baureihe	**24**
Bauart	**1'C h2**
Länge über Puffer (mit Tender)	**16.995 mm**
Durchmesser Treib- und Kuppelrad	**1.500 mm**
Durchmesser Laufrad (vorn)	**850 mm**
Radsatzstand (Lok)	**6.300 mm**
Höchstgeschwindigkeit	**90 km/h**
Leistung	**920 PSi**
Dienstmasse (ohne Tender)	**57,4 t**
Indienststellung	**1927–1938**
Museumslok	**24 004**

Baureihe 38^{2-3}

Zu Beginn des 20. Jahrhunderts stießen die zweifach gekuppelten Personenzuglokomotiven der Sächsischen Staatsbahn an ihre Leistungsgrenze. Für schwerere Züge auf steigungsreichen Strecken wurden leistungsstärkere Lokomotiven benötigt. Deshalb erhielt die Maschinenfabrik Hartmann in Chemnitz den Auftrag zur Entwicklung einer dreifach gekuppelten Schlepptenderlokomotive.

Die ersten zehn Maschinen wurden ab 1910 ausgeliefert. Bis 1927 folgten weitere 159 Exemplare. Die ersten 21 Maschinen hatten dabei noch einen niedrigeren Umlauf als die spätere Ausführung.

Für den Kessel diente derjenige der Schnellzuglokomotiven der Gattung XII H1 (Baureihe 17^{6}) als Vorlage, der jedoch leicht modifiziert wurde. Der Durchmesser der Antriebsräder wurde auf 1.590 mm verringert.

Durch Verluste im Ersten Weltkrieg gelangten nur 134 Lokomotiven als 38 201 bis 38 334 in den Bestand der Reichsbahn. Neben dem Einsatz vor Personenzügen kamen die Maschinen auch vor Schnellzügen zwischen Dresden und Leipzig zum Einsatz.

Der Zweite Weltkrieg hatte weitere Auswirkungen auf den Bestand: Über 60 Exemplare verblieben in der Tschechoslowakei. Nach der Rückkehr einiger Maschinen konnte die Deutsche Reichsbahn (DR) ab 1957 noch 65 betriebsfähige Lokomotiven der Baureihe 38^{2-3} einsetzen. Bis Ende der 1960er-Jahre wurden diese vor allem in Sachsen verwendet. Die letzte von ihnen wurde ab 1970 als 38 5308 in den EDV-Listen geführt. Mit einer Sonderfahrt im August 1971 wurde sie aus dem regulären Dienst verabschiedet, und die Ära der »sächsischen Rollwagen« endete. Dieser Spitzname wurde den Lokomotiven aufgrund ihrer besonders guten Laufeigenschaften verliehen.

Die 38 205 blieb als Museumslok erhalten, ist jedoch nicht mehr betriebsfähig. Sie wird als Leihgabe vom Sächsischen Eisenbahnmuseum Chemnitz betreut.

Baureihe	**38^{2-3}**
Bauart	**2'C h2**
Länge über Puffer (mit Tender)	**18.972 mm**
Durchmesser Treib- und Kuppelrad	**1.590 mm**
Durchmesser Laufrad (vorn)	**1.065 mm**
Radsatzstand (Lok)	**7.200 mm**
Höchstgeschwindigkeit	**90 km/h**
Leistung	**1.320 PSi**
Dienstmasse (ohne Tender)	**73,3 t**
Indienststellung	**1910 – 1927**
Museumslok	**38 205**

Baureihe 38^{10-40}

Nach der ab 1902 gelieferten unglücklichen P 6 (Baureihe 37^{0-1}) benötigte die Preußische Eisenbahn stärkere und schnellere Dreikuppler für den Personenzugdienst. 1905 stellte Robert Garbe Entwürfe für eine neue Maschine mit der Radsatzfolge 2'C vor, und 1906 verließ die erste P 8 mit der Nummer »Coeln 2401« die Werkshallen von Schwartzkopff. Später entwickelte sie sich zu einer der erfolgreichsten Lokomotivkonstruktionen aller Zeiten. Bis 1923 wurden für die deutschen Bahnen mehr als 3.500 Exemplare gebaut.

Nach dem Ersten Weltkrieg mussten 628 Fahrzeuge als Reparation abgegeben werden. Die Reichsbahn versuchte, diese durch Nachbestellungen zu ersetzen.

Nach dem Zweiten Weltkrieg waren die P 8 weiterhin unverzichtbar. Etwa 1.200 Maschinen kamen zur Deutschen Bundesbahn; sie verteilten sich auf mehr als 120 Betriebswerke. Der Bestand blieb bis Mitte der 1950er-Jahre weitgehend konstant.

Ab den 1950er-Jahren ersetzte die DB einige alte Tender durch Wannentender, die den Aktionsradius erheblich vergrößerten. Zwischen 1955 und 1957 rüstete sie 44 dieser Loks zusätzlich mit einer Wendezugsteuerung aus.

Ab den 1960er-Jahren lösten neue Baureihen die P 8 zunehmend ab. Der Bestand schrumpfte bis Mitte des Jahrzehnts auf etwa 500 Maschinen. Im UIC-Nummernplan von 1968 waren noch rund 90 Maschinen verzeichnet. Ihren letzten Planeinsatz hatte die P 8 am 30. Dezember 1974.

Etwa 700 Maschinen gelangten nach dem Zweiten Weltkrieg zur Deutschen Reichsbahn in der DDR. In den 1960er-Jahren rüstete sie rund 70 Lokomotiven mit Giesl-Flachejektoren aus, um den Kohleverbrauch zu senken. Ab Ende der 1950er-Jahre begann sich der Bestand jedoch merklich zu verringern. Die letzte P 8 der DR wurde 1972 ausgemustert.

Heute befinden sich zwei P 8 im Museumsbestand der Deutschen Bahn: die 38 1182 und die 38 2884.

Baureihe	**$38^{10\text{-}40}$**
Bauart	**2'C h2**
Länge über Puffer (mit Tender)	**18.590 mm**
Durchmesser Treib / Kuppelrad	**1.750 mm**
Durchmesser Laufrad (vorn)	**1.000 mm**
Radsatzstand (Lok)	**8.350 mm**
Höchstgeschwindigkeit	**100 km/h**
Leistung	**1.180 PSi**
Dienstmasse (ohne Tender)	**78,2 t**
Indienststellung	**1906 – 1923**
Museumsloks	**38 1182, 38 2884**

Baureihe 39^{0-2}

Mit der Einführung der preußischen P 10 fand die Entwicklung von reinen Personenzug-Dampflokomotiven in Preußen ihren Abschluss. Nach dem Ersten Weltkrieg waren die Züge deutlich schwerer und länger geworden. Deshalb war die Entwicklung einer stärkeren Lokomotive erforderlich, die jedoch weiterhin als Vierkuppler ausgeführt werden sollte, um die Radsatzfahrmasse von 17 Tonnen nicht zu überschreiten. Nach einem Entwurf von Borsig entstand so ab 1922 eine leistungsfähige 1'D1'-Dreizylinder-Lokomotive.

Mit einer Radsatzfahrmasse von 19 Tonnen war die P 10 zwar schwerer als ursprünglich geplant, was ihre Einsatzmöglichkeiten zunächst deutlich einschränkte. Dennoch stellte sie die leistungsstärkste Personenzug-Dampflokomotive der deutschen Länderbahnen dar.

Bis 1927 wurden insgesamt 260 Maschinen von mehreren Herstellern gebaut. Die Reichsbahn reihte sie als 39 001 bis 260 ein. Zunächst wurden sie vor allem im schweren Schnellzugdienst im Mittelgebirge eingesetzt. Erst in den 1930er-Jahren kamen sie verstärkt im Eil- und Personenzugdienst zum Einsatz, für den sie ursprünglich vorgesehen waren.

Nach dem Zweiten Weltkrieg verblieben 154 Maschinen bei der Bundesbahn, die sie bis Juli 1967 überwiegend aus dem Raum Stuttgart einsetzte.

Die Reichsbahn der DDR verfügte über 94 Exemplare, von denen 85 rekonstruiert wurden. Zwischen 1958 und 1962 erhielten diese Lokomotiven neu geschweißte Kessel mit Mischvorwärmer. Wegen des größeren Kessels musste der Rahmen angepasst und der Radsatzstand verändert werden. Nach der Rekonstruktion liefen die Maschinen als 22 001 bis 085. Im Jahr 1970 erhielten sie im Zuge der EDV-Nummerierung wieder ihre ursprüngliche Bezeichnung 39. Die letzten rekonstruierten P 10 wurden 1971 ausgemustert.

Zwei Maschinen sind bis heute erhalten geblieben: die 39 184 und die 39 230. Letztere befindet sich heute im Besitz des DB Museums.

Baureihe	**39^{0-2}**
Bauart	**1'D1' h3**
Länge über Puffer (mit Tender)	**22.980 mm**
Durchmesser Treib- und Kuppelrad	**1.750 mm**
Durchmesser Laufrad (vorn)	**1.000 mm**
Durchmesser Laufrad (hinten)	**1.110 mm**
Radsatzstand (Lok)	**11.600 mm**
Höchstgeschwindigkeit	**110 km/h**
Leistung	**1.750 PSi**
Dienstmasse (ohne Tender)	**110,4 t**
Indienststellung	**1922–1927**
Museumslok	**39 230**

Baureihe 41

Im Rahmen des Einheitslokprogramms entstand die 1'D1'-Baureihe 41 für den Einsatz von schnellfahrenden Güterzügen. Die ersten beiden Prototypen wurden 1936 und 1937 von der Berliner Maschinenbau-Actien-Gesellschaft vormals L. Schwartzkopff geliefert. Auf das neu entwickelte Fahrwerk kam der Kessel der Baureihe 03, jedoch mit einem Betriebsdruck von 20 bar. Die Radsatzfahrmasse konnte durch das Umstecken von Bolzen auf 18 oder 20 Tonnen eingestellt werden.

Auf die Vorserienmaschinen 41 001 und 002 folgten 364 Serienloks, die in mehreren Details verbessert wurden. Wie bei anderen Baureihen mit Kesseln aus Stahl der Güte St 47K traten auch hier bereits nach wenigen Einsatzjahren Materialermüdungen auf. Infolgedessen setzte die Reichsbahn den Betriebsdruck auf 16 bar herab. Außerdem wurden Ersatzkessel beschafft, um die Einsatzfähigkeit der Lokomotiven zu erhalten.

Nach dem Zweiten Weltkrieg verblieben 220 Maschinen bei der Bundesbahn, während 124 Lokomotiven zur Deutschen Reichsbahn der DDR gelangten. Da beide Staatsbahnen zunächst nicht auf die 41 verzichten konnten, wurde bei vielen Maschinen der Kessel ausgetauscht. So versah die DB 99 Lokomotiven mit einem geschweißten Hochleistungskessel, von denen 40 eine Ölhauptfeuerung erhielten. Die nicht umgebauten Maschinen wurden größtenteils in den 1960er-Jahren ausgemustert, während die umgebauten Exemplare bis 1971 in Betrieb blieben. Die ölgefeuerten Lokomotiven wurden ab 1968 als Baureihe 042 bis 1977 im Bw Rheine eingesetzt.

Bei der DR wurden zunächst 80 Lokomotiven rekonstruiert und dabei ab 1961 mit einem geschweißten Reko-Kessel ausgestattet. Eine weitere Lokomotive folgte noch in den 1970er-Jahren. Der Einsatz der Baureihe 41 bei der DR endete 1987 im Bw Güsten.

Die einzige erhaltene Lokomotive der Baureihe 41 im Besitz der DB AG ist die 41 185, die in Halle an der Saale untergebracht ist

Baureihe	**41**
Bauart	**1'D1' h2**
Länge über Puffer (mit Tender)	**23.905 mm**
Durchmesser Treib- und Kuppelrad	**1.600 mm**
Durchmesser Laufrad (vorn)	**1.000 mm**
Durchmesser Laufrad (hinten)	**1.250 mm**
Radsatzstand (Lok)	**12.050 mm**
Höchstgeschwindigkeit	**90 km/h**
Leistung	**1.900 PSi**
Dienstmasse (ohne Tender)	**101,9 t**
Indienststellung	**1936–1941**
Museumslok	**41 185**

Baureihe E 43

Für den schweren Güterzugdienst war bereits im ersten Typenplan der Deutschen Reichsbahn-Gesellschaft eine fünffach gekuppelte, schwere Schlepptenderlokomotive vorgesehen. Wie bei den Schnellzuglokomotiven wurden auch hier zehn Probelokomotiven in Zwei- bzw. Dreizylinderbauart gebaut, um die geeignetere Variante zu ermitteln. Die Zweizylinderloks kamen 1927 von Henschel und der Berliner Maschinenbau AG (BMAG, vormals L. Schwartzkopff) und erhielten die Nummern 43 001 bis 010. Bis 1928 folgten unter den Nummern 43 011 bis 035 weitere 25 Maschinen, ebenfalls von Henschel und der BMAG.

Die 43 entwickelte eine Leistung von rund 1.900 PS und sollte in der Lage sein, 1.400 Tonnen schwere Güterzüge auf flachem Gelände mit 65 km/h zu befördern. Auf Steigungen von 25 ‰ mussten noch 510 Tonnen mit 20 km/h bewegt werden können.

Messfahrten der LVA Grunewald mit der 43 007 zeigten, dass die Baureihe 43 im Leistungsbereich von rund 1.300 PS einen Gesamtwirkungsgrad von 9,5 % erreichte – der beste Wert aller Einheitslokomotiven. Dennoch entschied sich die DRG gegen den Weiterbau und favorisierte die dreizylindrige Baureihe 44, da diese ab einer Leistung von 1.500 PS der 43 überlegen war.

Die Baureihe 43 wurde zunächst in den Betriebswerken Dresden, Erfurt und Karlsruhe eingesetzt. Nach dem Zweiten Weltkrieg befanden sich alle Maschinen in Mitteldeutschland und gelangten in den Bestand der Reichsbahn der DDR. 43 023 schied bereits 1950 aus. Die übrigen Lokomotiven wurden vor allem in der Kohlenbeförderung eingesetzt. Dies führte auf Dauer jedoch zu Rahmenschäden, die zur Ausmusterung führten. Mit Ausnahme der 43 030 und 43 032, die 1965 bzw. 1966 ausschieden, blieben die 43 deshalb nur bis 1968 in Betrieb. Sie waren bei den Betriebswerken Cottbus, Rostock und Wittenberge im Einsatz. Die 43 001 ist bis heute als nicht betriebsfähige Museumslok erhalten geblieben. Sie steht in Chemnitz.

Baureihe	**43**
Bauart	**1'E h2**
Länge über Puffer (mit Tender)	**22.615 mm**
Durchmesser Treib- und Kuppelrad	**1.400 mm**
Durchmesser Laufrad (vorn)	**850 mm**
Radsatzstand (Lok)	**9.650 mm**
Höchstgeschwindigkeit	**70 km/h**
Leistung	**1.860 PSi**
Dienstmasse (ohne Tender)	**110,8 t**
Indienststellung	**1927–1928**
Museumslok	**43 001**

Baureihe 44

Nach den ersten zehn Vorauslokomotiven der Baureihe 44 von 1926 für den schweren Güterverkehr setzte die Reichsbahn zunächst wegen des geringeren Dampfverbrauchs auf die Zweizylinderversion in Form der Baureihe 43. Erst 1937 begann die Serienproduktion der dreizylindrigen Baureihe 44. Zunächst wurden 53 Maschinen gebaut, bei denen der Kessel um 50 mm auf 3.100 mm abgesenkt und der Zylinderdurchmesser von 600 mm auf 550 mm verkleinert wurde. Ab der 44 066 wurde die sogenannte »Standardausführung« produziert. Bis 1944 entstanden insgesamt 1.753 Exemplare für die Reichsbahn. Aufgrund des Krieges wurden die Maschinen ab 1942 vereinfacht und als »Übergangskriegslokomotiven« ausgeliefert.
44 011 und 44 012 wurden zwischen 1933 und 1939 mit einem Kesseldruck von 25 bar und einem Vierzylinder-Verbundtriebwerk erprobt.
Nach dem Zweiten Weltkrieg verblieben bei der Bundesbahn 1.242 Lokomotiven, während die Reichsbahn der DDR über 335 Maschinen verfügen konnte.
Ab 1950 rüstete die Bundesbahn einige Maschinen mit Verbrennungskammern aus, und ab 1955 wurden 32 Maschinen auf Ölhauptfeuerung umgebaut. Diese trugen ab 1968 die Bezeichnung 043 und blieben bis zum Ende der Dampftraktion 1977 im Einsatz.
Bei der Reichsbahn der DDR wurden zwischen 1959 und 1967 insgesamt 95 Maschinen auf Ölhauptfeuerung umgerüstet; teils erhielten sie auch neue, geschweißte Nachbaukessel. Zwischen 1951 und 1957 bekamen 22 Maschinen eine Kohlenstaubfeuerung. Ihr Einsatz endete 1975 in Arnstadt, während die ölgefeuerten Loks noch bis 1981 in Saalfeld Dienst taten. Einige wurden später wieder auf Rostfeuerung umgebaut, kamen aber nicht mehr in den Streckendienst, sondern wurden nur noch als Heizloks genutzt.
Bei der DB AG blieben die ölgefeuerte 44 508 (ex DB, Leihgabe an Westerwälder Eisenbahnfreunde 44 508 e.V.) sowie die 44 1093 (ex DR) in Arnstadt erhalten.

Baureihe	**44**
Bauart	**1'E h3**
Länge über Puffer (mit Tender)	**22.620 mm**
Durchmesser Treib- und Kuppelrad	**1.400 mm**
Durchmesser Laufrad (vorn)	**850 mm**
Radsatzstand (Lok)	**9.650 mm**
Höchstgeschwindigkeit	**80 km/h**
Leistung	**1.910 PSi**
Dienstmasse (ohne Tender)	**110 t**
Indienststellung	**1926, 1933–1944***
Museumsloks	**44 508, 44 1093**
*** Vorausloks, Serienloks**	

Baureihe 45

Im Rahmen des Beschaffungsprogramms von 1934/35 war zur Beschleunigung des Güterverkehrs die Baureihe 45 vorgesehen. Ähnlich wie bei der Baureihe 41 konnte auch bei ihr die Radsatzlast individuell angepasst werden.

Die Prototypen 45 001 und 45 002 lieferte Henschel in Kassel 1936. Den Vorserienlokomotiven folgten 1940 und 1941 mit konstruktiven Änderungen 26 Serienmaschinen.

Bis auf die 45 024 gelangten alle Lokomotiven zur Reichsbahn (West), die sie jedoch zunächst nicht im regulären Betriebsdienst nutzte. Allerdings wurden die aufgearbeiteten 45 003, 004, 011 und 020 zwischen 1949 und 1955 als Bremsloks verwendet.

Zwischen Januar und April 1951 verließen 45 010, 016, 019, 021 und 023 mit neuen Hochleistungskesseln und mechanischer Rostbeschickung die Werkshallen von Krupp und wurden wieder im Plandienst genutzt. 45 008, 009, 012, 014 und 022 folgten zwischen Januar und Mai 1952, allerdings nur mit neuen Stehkesseln und Feuerbüchsen mit Verbrennungskammern.

Ab dem Sommerfahrplan 1952 standen zehn Lokomotiven zur Verfügung. Der hohe Kohleverbrauch und die häufigen, aufwändigen Reparaturen machten ihren Einsatz jedoch sehr kostspielig. Daher entschied man sich, die noch verbleibenden zwölf Maschinen nicht mehr aufzubereiten, und stellte sie im September 1953 ab. Im Frühjahr 1956 nahm die Bundesbahn mit 45 008 und 45 009 die letzten Maschinen dieser Baureihe aus dem Plandienst.

Bereits im Oktober 1955 wurde 45 019 zur Bremslok umgebaut. Nachdem bis zum Sommer 1957 alle Altbaumaschinen abgestellt worden waren, erinnerte man sich an die noch vorhandenen Neubaukessel-Lokomotiven 45 010, 016 und 023. Ab Herbst 1957 dienten diese, zusammen mit 45 019, ebenfalls als Bremsloks. Die 45 010 wurde schließlich als letzte ihrer Baureihe im November 1968 abgestellt und in den Museumspark der DB überführt.

Baureihe	**45**
Bauart	**1'E h3**
Länge über Puffer (mit Tender)	**25.645 mm**
Durchmesser Treib- und Kuppelrad	**1.600 mm**
Durchmesser Laufrad (vorn)	**1.000 mm**
Durchmesser Laufrad (hinten)	**1.250 mm**
Radsatzstand (Lok)	**13.600 mm**
Höchstgeschwindigkeit	**90 km/h**
Leistung	**1.600 PSi**
Dienstmasse (ohne Tender)	**126,7 t**
Indienststellung	**1936, 1940–1941***
Museumslok	**45 010**
*** Vorausloks, Serienloks**	

Baureihe 50

Die Baureihe 50 war ab 1939 als Ersatz für ältere Länderbahnmaschinen auf Strecken mit einer Radsatzlast von nur 15 Tonnen vorgesehen. Damit sollte sie insbesondere den Einsatz auf Neben- und Hauptstrecken mit niedrigerer Radsatzlast ermöglichen. Weil sie auch auf Stichstrecken ohne Wendemöglichkeit an den Enden eingesetzt werden sollte, konnte sie in beide Richtungen bis zu 80 km/h schnell fahren. Außerdem hatte der Tender zum Schutz des Lokpersonals bei Rückwärtsfahrt eine Rückwand.

Den zwölf Vorserienmaschinen, die Henschel 1939 lieferte, folgten in den kommenden Jahren über 3.000 Serienmaschinen. Im Zweiten Weltkrieg wurden schrittweise Vereinfachungen an den Maschinen vorgenommen, sodass ab 1942 Lokomotiven unter der Bezeichnung »50 ÜK« (Übergangskriegslok) ausgeliefert wurden. Über 300 Maschinen waren so stark vereinfacht, dass sie, obwohl als Baureihe 50 geplant, konstruktiv der Baureihe 52 zugeordnet wurden.

Trotz zahlreicher Verluste im Krieg fanden sich nach 1945 in den beiden deutschen Staaten fast 3.000 dieser Lokomotiven wieder. Die Reichsbahn der DDR verfügte nach Abgaben und Ausmusterungen über 317 Maschinen, während die Bundesbahn mehr als 2.000 Lokomotiven einsetzen konnte. Ab 1961 wurden die Tender von über 700 Loks mit Zugführerkabinen ausgestattet. Die Baureihe 50 gehörte zu den letzten Dampfloks der Bundesbahn und war bis 1977 im regulären Einsatz.

Ab 1957 wurden bei der DR insgesamt 208 Maschinen der Baureihe 50 rekonstruiert und als Baureihe 50^{35} geführt (siehe Seite 30).

Einige der verbliebenen DR-Altbaumaschinen hatten zeitweise einen Giesl-Flachejektor. Die letzte nicht rekonstruierte Lokomotive, die 50 3145, war bis 1987 im Einsatz.

Viele Maschinen der Baureihe 50 sind bis heute erhalten geblieben, darunter die ehemalige Bundesbahn-Maschine 50 622. Die 50 1849 stammt von der Reichsbahn der DDR. Beide gehören heute dem DB Museum Nürnberg.

Baureihe	**50**
Bauart	**1'E h2**
Länge über Puffer (mit Tender)	**22.940 mm**
Durchmesser Treib- und Kuppelrad	**1.400 mm**
Durchmesser Laufrad (vorn)	**850 mm**
Radsatzstand (Lok)	**9.200 mm**
Höchstgeschwindigkeit	**80 km/h**
Leistung	**1.400 PSi**
Dienstmasse (ohne Tender)	**88,2 t**
Indienststellung	**1939–1943**
Museumsloks	**50 622, 50 849**

Baureihe 50^{35}

Nach dem Zweiten Weltkrieg besaß die Deutsche Reichsbahn der DDR etwas über 300 Lokomotiven der Baureihe 50. Diese waren mit Kesseln aus dem nicht alterungsbeständigen Stahl der Güte St 47K ausgestattet, was ihre Nutzung zunehmend erschwerte. Um sie weiterhin effektiv einsetzen zu können, ließ die Reichsbahn ab 1957 insgesamt 208 Maschinen rekonstruieren. Die Lokomotiven erhielten dabei einen neuen, geschweißten Kessel, der von dem der Baureihe 23^{10} abgeleitet wurde. Dieser Kessel war mit einer Verbrennungskammer, einem Mischvorwärmer der Bauart IfS, einem Seitenzugregler und kleinen Windleitblechen ausgestattet. Ab diesem Zeitpunkt trugen die rekonstruierten Maschinen die Bezeichnung Baureihe 50^{35}.

Ab 1966 wurden 72 Lokomotiven auf Ölhauptfeuerung umgerüstet und als 50 5001 bis 50 5072 bezeichnet. Ab 1970 hießen sie 50 0001 bis 50 0072. Einige Lokomotiven waren zeitweise mit einem Giesl-Flachejektor ausgestattet, der den Brennstoffverbrauch reduzierte.

Die kohlegefeuerten Maschinen waren zunächst hauptsächlich auf den Flachlandstrecken der Magdeburger Börde und der Altmark unterwegs, wo sie besonders wirtschaftlich eingesetzt werden konnten, bevor sie später in der gesamten DDR im Einsatz waren. Die ölgefeuerten Lokomotiven waren hauptsächlich in den Betriebswerken Rostock, Güstrow und Pasewalk stationiert. Die 50 3559 zog am 29. Oktober 1988 den letzten planmäßig mit Dampf bespannten Zug auf deutschen Normalspurgleisen und beendete damit das Zeitalter des planmäßigen Dampfbetriebs bei der Deutschen Reichsbahn.

Von der Baureihe 50^{35} blieben viele Maschinen erhalten. In den Museumslok-Listen sind über 70 Exemplare verzeichnet. Dazu gehören auch die 50 3688 und die 50 3694, die beide zum Museumsbestand der DB zählen. Die 50 3688 steht heute im Betriebswerk Arnstadt, während die 50 3694 als Leihgabe bei den Mecklenburgischen Eisenbahnfreunden in Schwerin ausgestellt ist.

Baureihe	**50^{35}**
Bauart	**1'E h2**
Länge über Puffer (mit Tender)	**22.940 mm**
Durchmesser Treib- und Kuppelrad	**1.400 mm**
Durchmesser Laufrad (vorn)	**850 mm**
Radsatzstand (Lok)	**9.200 mm**
Höchstgeschwindigkeit	**80 km/h**
Leistung	**1.400 PSi**
Dienstmasse (ohne Tender)	**88,2 t**
Indienststellung	**1957–1962**
Museumsloks	**50 3688, 50 3694**

Baureihe 52

Die Forderungen des Militärs im Zweiten Weltkrieg nach mehr Lokomotiven konnten von der Fahrzeugindustrie mit den Einheitsloks nicht erfüllt werden. Daher entschlossen sich Reichsbahn und Industrie, die Baureihen 44, 50 und 86 schrittweise zu vereinfachen, um die Produktion zu beschleunigen. Weil auch dies nicht ausreichte, wurde die Industrie 1941 beauftragt, eine neue Kriegslokomotive auf Basis der Baureihe 50 zu entwickeln.

Im September 1942 lieferte Borsig mit der 52 001 die erste Lok der neuen Baureihe. Die Vereinfachungen gegenüber der Baureihe 50 waren erheblich und statt des Kastentenders erhielt die Baureihe 52 Wannen- oder Steifrahmentender.

In nur drei Jahren entstanden über 6.000 Maschinen. Einige hatten Frostschutzeinrichtungen, andere wurden mit besonderen Bauteilen, etwa Wellrohrkesseln oder Ventilsteuerungen, ausgestattet. Für den Einsatz auf langen Strecken ohne Wasserversorgung beschaffte die Reichsbahn 178 Maschinen mit Kondensationseinrichtung, die eine größere Reichweite ermöglichten.

Nach dem Krieg verfügten die beiden deutschen Staatsbahnen über rund 2.400 Lokomotiven dieser Baureihe, wobei der größere Teil bei der Reichsbahn der DDR verblieb. Die Bundesbahn rangierte ihre Maschinen bis Mitte der 1960er-Jahre aus, da sie über ausreichend Lokomotiven der Baureihe 50 verfügte.

Die Reichsbahn konnte jedoch nicht auf sie verzichten und führte ab 1958 viele Maschinen einer Generalreparatur zu. Einige erhielten dabei einen Giesl-Flachejektor. Die generalreparierten Maschinen behielten ihre Nummern und blieben teils bis in die 1980er-Jahre im Einsatz.

Da in der DDR Lokomotivkohle knapp war, baute die Reichsbahn in den frühen 1950er-Jahren Lokomotiven auf Staubfeuerung um. Sie wurden ab 1970 als 52^{90} geführt und waren bis 1977 in Senftenberg beheimatet.

Die DB AG hat die 52 6666 in ihrem Besitz, die im ehemaligen Bw Berlin-Schöneweide betreut wird.

Baureihe	**52**
Bauart	**1'E h2**
Länge über Puffer (mit Tender)	**22.975 / 22.830 mm***
Durchmesser Treib- und Kuppelrad	**1.400 mm**
Durchmesser Laufrad (vorn)	**850 mm**
Radsatzstand (Lok)	**9.200 mm**
Höchstgeschwindigkeit	**80 km/h**
Leistung	**1.620 PSi**
Dienstmasse (ohne Tender)	**84 t**
Indienststellung	**1942–1944**
Museumsloks	**52 6666**
*** Wannentender / Steifrahmentender**	

Baureihe 53^{70-71}

Ab Mitte der 1870er-Jahre wurden in Preußen zahlreiche Privatbahnen verstaatlicht. Damit kamen viele unterschiedliche Dampflokbauarten unter eine Verwaltung, was den organisatorischen Aufwand erheblich vergrößerte. Die Baureihenvielfalt machte sowohl einen flexiblen Einsatz als auch eine sinnvolle Ersatzteilhaltung und eine zügige Werkstattarbeit schwierig. Um dieser Situation abzuhelfen, begann die Bahn, die Vielzahl zu reduzieren, und beschaffte dafür Lokomotiven, die auf einheitlichen Zeichnungen, den sogenannten »Normalien«, basierten.

Die erste preußische Normal-Güterzugtype war eine dreifach gekuppelte Nassdampf-Lokomotive. Die erste Maschine dieser Reihe, ursprünglich als G 3 bezeichnet, wurde 1877 geliefert. Spätere Modelle erhielten die Bezeichnungen G 4 und G 4^1, wobei konstruktive Weiterentwicklungen schrittweise umgesetzt wurden.

Sie zeigten die typische Bauweise mit tief liegendem Kessel, kurzem Radsatzstand und einem hinten weiten Überhang.

Bis zum Ende des Jahrhunderts wurden etwa 2.200 Exemplare gebaut. Je nach Bedarf erhielten die Lokomotiven entweder eine innen- oder außenliegende Allan-Steuerung.

Obwohl die Loks bereits relativ alt waren, gingen 157 Maschinen der Baureihen G 3 und G 4 in den Bestand der Reichsbahn über und wurden als 53 7001 bis 53 7157 eingereiht. Wegen ihrer Höchstgeschwindigkeit von nur 45 km/h waren sie jedoch schnell nicht mehr in der Lage, den steigenden Anforderungen gerecht zu werden und wurden daher frühzeitig ausgemustert.

Erstaunlicherweise hat die G 3 »3143 Saarbrücken« bis heute überlebt. Für sie war die Nummer 53 7027 vorgesehen, die sie jedoch nie trug. Sie schied vor der Umzeichnung aus dem Dienst aus. Danach diente sie viele Jahre als Kranprüfgewicht im Ausbesserungswerk Trier und wurde 1985 für das Eisenbahnjubiläum aufwendig restauriert. Heute ist sie im Verkehrsmuseum Nürnberg ausgestellt und zählt zu den ältesten erhaltenen preußischen Güterzuglokomotiven.

Baureihe	**53^{70-71}**
Radsatzfolge	**C n2**
Länge über Puffer (mit Tender)	**15.176 mm**
Durchmesser Treib- und Kuppelrad	**1.340 mm**
Radsatzstand (Lok)	**3.400 mm**
Höchstgeschwindigkeit	**45 km/h**
Leistung	**530 PSi**
Dienstmasse (ohne Tender)	**40,1 t**
Indienststellung	**1877–1897**
Museumslok	**53 7027**

Baureihe 57^{10-35}

Für den zunehmenden Güterverkehr benötigte die Preußische Eisenbahn eine leistungsfähige Lokomotive. Zwar gab es bereits mit der T 16 eine fünffach gekuppelte Tenderlok, doch sie reichte bald nicht aus, um den steigenden Anforderungen gerecht zu werden. Insbesondere im schweren Güterzugdienst stieß sie rasch an ihre Leistungsgrenzen.

Deshalb wurde ab 1910 die Schlepptenderlok der Baureihe G 10 entwickelt. Der Kessel dieser Lokomotive war weitgehend identisch mit dem der P 8. Ursprünglich war vorgesehen, den Antrieb auf den vierten Kuppelradsatz zu legen, doch dieser Plan wurde zugunsten eines Antriebs auf den dritten Radsatz verworfen, um bessere Laufeigenschaften zu erzielen.

Henschel in Kassel begann bereits 1908 mit der Entwicklung der neuen Bauart, und ab 1910 standen die ersten G 10 zur Verfügung. Die positiven Ergebnisse der Erprobung führten schließlich zum Serienbau, der 1912 begann und in kurzer Zeit hohe Stückzahlen erreichte. Bis 1925 wurden allein für die Preußischen Staatsbahnen 2.580 G 10 gebaut. Weitere 35 Maschinen gingen an die Reichseisenbahnen Elsass-Lothringen und 27 an die Saarbahnen.

Nach dem Ersten Weltkrieg übernahm die Reichsbahn viele Maschinen und gab ihnen die Bezeichnung 57^{10-35}.

Nach dem Zweiten Weltkrieg blieben nur noch einige Maschinen im Betrieb. Bei der Deutschen Bundesbahn (DB) waren es 649 Lokomotiven, während die Deutsche Reichsbahn (DDR) nur noch 112 Maschinen einsetzte. Die meisten dieser Lokomotiven wurden bis Ende der 1960er- und Anfang der 1970er-Jahre ausgemustert, da moderne Traktionsarten zunehmend den Dampfbetrieb ersetzten. Die letzten G 10 der Bundesbahn wurden 1968 aus dem Dienst genommen, und die Reichsbahn stellte ihre letzte Lok 1972 ab.

Dennoch sind einige G 10-Lokomotiven erhalten geblieben, darunter die Haltinger Denkmallok 57 3088. Diese Lok ging in den Besitz der Deutschen Bahn AG über und wird heute als Leihgabe im Südwestfälischen Eisenbahnmuseum in Siegen ausgestellt.

Baureihe	**57^{10-35}**
Bauart	**E h2**
Länge über Puffer (mit Tender)	**18.910 mm**
Durchmesser Treib- und Kuppelrad	**1.400 mm**
Radsatzstand (Lok)	**6.000 mm**
Höchstgeschwindigkeit	**60 km/h**
Leistung	**1.100 PSi**
Dienstmasse (ohne Tender)	**84,4 t**
Indienststellung	**1910–1924**
Museumslok	**57 3088**

Baureihe 58^{30}

Trotz der modernisierten Einheitslokomotiven der Reihen 50^{35}, und 52^{80} sowie der Neubauloks der Baureihe 50^{40} konnte die Deutsche Reichsbahn der DDR nicht auf die Baureihe 58 verzichten. Daher wurden 56 Exemplare dieser Baureihe in das Rekonstruktionsprogramm aufgenommen. Der Umbau erfolgte im Raw Zwickau Zwischen 1958 und 1963 erhielten die Maschinen neue Führerhäuser, geschweißte Kessel mit Verbrennungskammer, neue Mittelzylinder und Mischvorwärmer. Im Zuge des Umbaus musste der Rahmen der Loks verlängert werden. Dadurch konnten die Laufeigenschaften deutlich verbessert werden. Die zulässige Geschwindigkeit wurde auf 70 km/h erhöht. Außerdem wurden einige von ihnen mit Neubautendern gekuppelt, die größere Wasser- und Kohlevorräte aufnehmen konnten. Mit der ursprünglichen Ausführung hatten diese »Rekoloks« kaum noch etwas gemeinsam. Die umgebauten Maschinen erhielten die Nummern 58 3001 bis 3056 und wurden von der Reichsbahn bis 1981 eingesetzt. Ihr hauptsächlicher Einsatzbereich lag auf Strecken rund um Dresden, Leipzig und Gera. Mitte der 1970er-Jahre wurden viele Loks in Riesa beheimatet. Die letzten 58^{30} waren dann von Glauchau aus unterwegs, wo der Betrieb auch endete. Die 58^{30} war ein voller Erfolg, denn es zeigte sich, dass sie 15 bis 20 % weniger Kohle verbrauchte als die alten G 12. Außerdem lag ihre Zugkraft um 12 bis 15 % höher. So wurde sie nach der 44 zur zweitstärksten Güterzug-Dampflok der Reichsbahn.

Nach ihrer Ausmusterung wurden einige Maschinen noch als stationäre oder bewegliche Heizlok weiterverwendet, insbesondere in Bahnbetriebswerken und Industrieanlagen.

Zwei dieser Maschinen sind in Deutschland erhalten geblieben. Die DB-Lokomotive 58 3047 wurde jedoch mit Kesselschaden abgestellt. Sie steht heute bei den Glauchauer Eisenbahnfreunden. Im Eisenbahnmuseum Schwarzenberg ist die 58 3049 ausgestellt.

Baureihe	**58^{30}**
Bauart	**1'E h3**
Länge über Puffer (mit Tender)	**22.110 mm***
Durchmesser Treib- und Kuppelrad	**1.400 mm**
Durchmesser Laufrad (vorn)	**1.000 mm**
Radsatzstand (Lok)	**8.800 mm**
Höchstgeschwindigkeit	**70 km/h**
Leistung	**1.615 PSi**
Dienstmasse (ohne Tender)	**97,2 t**
Indienststellung	**Umbau 1958–1960**
Museumslok	**58 3047**
***mit Neubautender 2'2'T28**	

Baureihe 62

Das Einheitslok-Typenprogramm der Deutschen Reichsbahn-Gesellschaft sah sowohl eine schwere 2'C-Schlepptenderlok als auch eine 2'C2'-Tenderlok vor, die die preußischen Modelle P 8 und T 18 ersetzen sollten. Obwohl der Bedarf nicht besonders hoch war, wurden beide Baureihen konstruiert. Allerdings wurde nur die Tenderlok der Baureihe 62 gebaut.

1927 bestellte die Reichsbahn 15 Exemplare. Bereits im Februar 1928 wurden die ersten beiden Loks erprobt. Dabei zeigte sich, dass die Loks, die viele Bauteile aus dem Einheitslok-»Baukasten« verwendeten, im Betrieb sehr zufriedenstellend waren. Insbesondere ihre Laufeigenschaften und die Leistungsentfaltung wurden positiv bewertet. Bald gab es jedoch eine überraschende Wendung: Die Reichsbahn nahm die restlichen 13 Loks zunächst nicht ab, da sie ihr zu teuer waren. Erst 1931/32, nach einer deutlichen Preissenkung durch den Hersteller Henschel, wurden sie von der Reichsbahn schließlich gekauft.

1949 kamen sieben Maschinen zur Bundesbahn. Obwohl sie ursprünglich als Reserve vorgesehen waren, entschied die Hauptverwaltung, sie aufzubereiten und in Dortmund zu stationieren. 1951 wurden die Loks nach Krefeld verlegt, wo sie im schweren Personenzugdienst und sogar vor Schnellzügen eingesetzt wurden. Doch trotz umfassender Aufarbeitung waren die Maschinen aufgrund starker Abnutzung häufig reparaturbedürftig. Ende 1954 wurden sie aus dem aktiven Dienst genommen. Als letzte wurde 62 003 bis Juni 1956 betrieben, bevor sie als Lehrmodell an der Lokführerschule Troisdorf genutzt wurde. Sie wurde schließlich im Sommer 1970 verschrottet.

Die acht Maschinen der Reichsbahn der DDR waren zuletzt im Bw Frankfurt (Oder) stationiert. Als letzte wurde 62 007 Anfang Mai 1971 aus dem Betriebsdienst genommen und diente danach noch als Heizlok. Als einzige existiert heute noch die 62 015, die von der DB AG an die IG Bw Dresden-Altstadt verliehen ist und dort museal betreut wird.

Baureihe	**62**
Bauart	**2'C2' h2t**
Länge über Puffer	**17.140 mm**
Durchmesser Treib- und Kuppelrad	**1.750 mm**
Durchmesser Laufrad (vorn)	**850 mm**
Durchmesser Laufrad (hinten)	**850 mm**
Radsatzstand	**13.330 mm**
Höchstgeschwindigkeit	**100 km/h**
Leistung	**1.680 PSi**
Dienstmasse	**123,6 t**
Indienststellung	**1928–1932**
Museumslok	**62 015**

Baureihe 64

Bereits 1922 forderte der von den Deutschen Reichseisenbahnen ins Leben gerufene »Engere Lokomotiv-Normenausschuss« die Entwicklung einer 1'C1'-Tenderlokomotive für den Einsatz auf Strecken mit einer maximalen Radsatzlast von 15 Tonnen. Ziel war die Schaffung einer leistungsfähigen und zugleich wirtschaftlichen Lokomotive für den Nebenbahndienst. 1926 begann die Entwicklung und bis Dezember 1940 wurden insgesamt 520 Exemplare der Baureihe 64 produziert.

Durch die Verwendung vieler baugleicher Komponenten wie des Kessels und großer Teile des Triebwerks wiesen die Einheitslokomotiven eine hohe Übereinstimmung mit den Baureihen 24 und 86 auf. Dies erleichterte die Wartung und die Ersatzteilversorgung erheblich.

1950 liefen bei der Bundesbahn über 275 Loks, verteilt auf 45 Betriebswerke. Mit Beginn des Strukturwandels in den 1960er-Jahren nahm die Zahl jedoch stark ab. Anfang 1965 waren noch 236 Maschinen in den Bestandslisten aufgeführt, von denen jedoch bereits 50 von der nächsten Untersuchung zurückgestellt waren.

1974 war das letzte Betriebsjahr der Baureihe 64 bei der Bundesbahn. Zu Beginn des Jahres befanden sich noch sechs Maschinen im Bestand, die jedoch nur noch als Reserve dienten. Drei von ihnen wurden im Frühjahr abgestellt, und die letzten beiden, 064 419 und 064 415, wurden Anfang Dezember endgültig ausgemustert.

Einige Loks der Baureihe 64 überlebten jedoch als Denkmal- oder Museumslokomotiven, darunter die 64 007, 64 317, 64 344, 64 355 und 64 446.

Nach dem Ende des Zweiten Weltkriegs verblieben im Osten 115 Exemplare. Ab 1970 setzte auch bei der Reichsbahn der DDR die Ausmusterung in großem Umfang ein. Bis 1974 wurden alle Loks außer Dienst gestellt und in der Folge verschrottet. Einzige Ausnahme ist die überlebende Lokomotive 64 007, die heute bei den Mecklenburgischen Eisenbahnfreunden in Schwerin betriebsfähig erhalten ist.

Baureihe	**64**
Bauart	**1'C1' h2t**
Länge über Puffer	**12.500 mm**
Durchmesser Treib- und Kuppelrad	**1.500 mm**
Durchmesser Laufrad (vorn)	**850 mm**
Durchmesser Laufrad (hinten)	**850 mm**
Radsatzstand	**9.000 mm**
Höchstgeschwindigkeit	**90 km/h**
Leistung	**950 PSi**
Dienstmasse	**74,9 t**
Indienststellung	**1928–1940**
Museumsloks	**64 007, 64 317, 64 344, 64 355, 64 446**

Baureihe 65^{10}

Nach dem Zweiten Weltkrieg entwickelte die Deutsche Reichsbahn der DDR mit der Baureihe 65^{10} eine neue, leistungsfähige Tenderlokomotive, die ältere Mehrzweckmaschinen ersetzen und sich gleichermaßen für den Einsatz auf Haupt- und Nebenbahnen eignen sollte. Die ersten beiden Prototypen kamen 1954 zur Reichsbahn, und bis 1957 wurden insgesamt 88 Lokomotiven geliefert. Sieben weitere Exemplare gingen an die Leuna-Werke, wo sie im schweren Industriebahndienst eingesetzt wurden.
Die Baureihe zeichnete sich durch einen vollständig geschweißten Kessel und einen geschweißten Blechrahmen aus. Moderne Merkmale wie Mischvorwärmer und neue Führerhäuser waren Standard. Die Wasserkästen schlossen nicht an das Führerhaus an. Die beiden Radsätze des hinteren Drehgestells liefen in einem Außenrahmen. Besonders hervorzuheben ist die 65 1004, die als einzige deutsche Tenderlokomotive ursprünglich mit Kohlenstaubfeuerung ausgerüstet war und damit einen technologischen Sonderweg darstellte. Diese bewährte sich jedoch nicht, und 1962 wurde die Lok wieder auf Kohlefeuerung zurückgebaut. Ab 1967 erhielten alle Maschinen flache Giesl-Schornsteine, um den Kohleverbrauch zu senken. Aber auch diese wurden später wieder gegen runde Schornsteine ausgetauscht, da der erhoffte Effekt ausblieb.
Zu Beginn traten betriebliche Schwierigkeiten auf, die hauptsächlich auf die unzureichende Erprobung vieler neuer Baugruppen zurückzuführen waren. Diese technischen Mängel wurden jedoch behoben, sodass die Lokomotiven insgesamt gute Leistungen zeigten. Die Maschinen erwiesen sich als vielseitig einsetzbar und robust.
1971 standen noch alle Lokomotiven unter Dampf. Die letzten Maschinen der Baureihe 65^{10} wurden 1979 ausgemustert, womit die Einsatzzeit dieser Neubau-Tenderloks endete. Drei Exemplare blieben erhalten. Davon gehört die 65 1049 der DB AG. Sie ist als Leihgabe im Lokschuppen Arnstadt untergestellt und dort öffentlich zugänglich.

Baureihe	**65^{10}**
Bauart	**1'D2' h2t**
Länge über Puffer	**17.500 mm**
Durchmesser Treib- und Kuppelrad	**1.600 mm**
Durchmesser Laufrad (vorn)	**1.000 mm**
Durchmesser Laufrad (hinten)	**1.000 mm**
Radsatzstand	**13.300 mm**
Höchstgeschwindigkeit	**90 km/h**
Leistung	**1.500 PSi**
Dienstmasse	**121,7 t**
Indienststellung	**1954–1957**
Museumslok	**65 1049**

Baureihe 74^{4-13}

Zu Beginn des 20. Jahrhunderts führte der gestiegene Bedarf im Berliner Vorortverkehr dazu, dass die Preußischen Staatseisenbahnen den Bau einer dreifach gekuppelten Tenderlokomotive erwogen und entsprechende Entwürfe ausarbeiten ließen. 1902 lieferte die Union-Gießerei in Königsberg die ersten vier 1'C-Maschinen der späteren Baureihe 74^{4-13}. Die Lokomotiven wurden zunächst im Probebetrieb auf den Berliner Stadt-, Ring- und Vorortbahnen eingesetzt. 1913 folgte die Lieferung der ersten Lokomotiven mit Speisewasservorwärmer, und ab 1916 wurde dieser serienmäßig eingebaut. Bis 1923 wurden insgesamt fast 1.000 Maschinen gebaut.

Nach der Elektrifizierung der Berliner Stadtbahn beschränkte sich der Einsatz der T 12 auf Rangieraufgaben sowie den Betrieb von Personen- und Güterzügen auf kürzeren Strecken.

1925 übernahm die Reichsbahn-Gesellschaft 899 Lokomotiven. Später kamen weitere zehn Maschinen von den Saarbahnen (74 1301 bis 1310) sowie 11 Lokomotiven (74 1311 bis 1321) nach der Verstaatlichung der Lübeck-Büchener Eisenbahn 1938 hinzu. Die letzten fünf Maschinen dieser Serie wurden mit einer Wendezugsteuerung und einer Stromlinienverkleidung ausgestattet und dienten so als Ersatz für die Baureihe 60.

Nach dem Zweiten Weltkrieg gelangten noch 389 Lokomotiven in den Bestand der Deutschen Bundesbahn. Zwischen 1949/1950 und 1952/53 erhielten sechs Exemplare Schlepptender, die als zusätzliche Wasserwagen dienten, um den Aktionsradius zu vergrößern.

Die Bundesbahn nutzte ihre Lokomotiven vorwiegend im Rangierdienst. Ab Ende der 1950er-Jahre wurden die Maschinen zunehmend von den neuen Diesellokomotiven der Baureihe V 60 verdrängt, und Ende 1964 wurden nur noch acht Lokomotiven benötigt. Die letzte Lok war die 74 1070 aus dem Bw Düren, die im Mai 1966 ausgemustert wurde.

Gleichzeitig verschwanden auch bei der Reichsbahn der DDR die letzten Lokomotiven aus dem Betriebsdienst. Heute sind noch drei Exemplare erhalten. Davon gehört die 74 1230 der DB AG. Sie steht heute in Berlin.

Baureihe	**74^{4-13}**
Radsatzfolge	**1'C1' h2t**
Länge über Puffer	**11.800 mm**
Durchmesser Treib- und Kuppelrad	**1.500 mm**
Durchmesser Laufrad (vorn)	**1.000 mm**
Radsatzstand	**6.350 mm**
Höchstgeschwindigkeit	**80 km/h**
Leistung	**870 PSi**
Dienstmasse	**67,1 t**
Indienststellung	**1902–1921**
Museumslok	**74 1230**

Baureihe 78^{0-5}

Im November 1911 beschloss der preußische Ausschuss für Lokomotiven die Entwicklung einer neuen Tenderlokomotive für den schnellen Reisezugdienst auf der Insel Rügen. Sie hatte ein symmetrisches Laufwerk mit drei gekuppelten Antriebsradsätzen, einem Zweizylinder-Heißdampftriebwerk und zwei Laufdrehgestellen. Der Antrieb erfolgte auf den zweiten Kuppelradsatz.

Anfänglich litten die Prototypen bei Geschwindigkeiten über 60 km/h unter störenden Zuckungen, die den Fahrkomfort und die Betriebssicherheit beeinträchtigten, doch diese konnten schnell durch einen verbesserten Massenausgleich reduziert werden. So konnten die Lokomotiven für 100 km/h in beiden Fahrtrichtungen zugelassen werden. Damit wurde sie zu einer der erfolgreichsten Tenderlokomotiven Deutschlands.

Insgesamt wurden 534 Exemplare gebaut, die an die Preußische Staatsbahn, die Württembergische Staatsbahn, die Deutsche Reichsbahn-Gesellschaft (DRG), die Saarbahnen sowie an die Staatseisenbahn der Türkischen Republik geliefert wurden.

Bis 1927 übernahm die Reichsbahn 438 Maschinen aus Preußen und 20 aus Württemberg. Später kamen Lokomotiven aus dem Saargebiet hinzu. Nach der Verstaatlichung der Eutin-Lübecker Eisenbahn (ELE) 1941 übernahm die Reichsbahn auch beide 78er dieser Bahn.

Am Ende des Zweiten Weltkriegs waren noch etwa 500 Maschinen im Betrieb, davon 409 bei der Deutschen Bundesbahn und 49 bei der Reichsbahn der DDR. Der restliche Bestand verblieb im Ausland. Bei der DB schrumpfte der Bestand bis 1968 auf etwa 50 Lokomotiven. Die letzte Lok war die 78 246 Rottweil, die am 31. Dezember 1974 ausgemustert wurde und damit das Ende dieser Baureihe bei der Bundesbahn markierte.

Bei der DR wurden die letzten Maschinen 1972 außer Dienst gestellt. Die 78 009 des Verkehrsmuseums Dresden ist heute die älteste erhaltene Lokomotive der Baureihe. Betriebsfähig erhalten ist die 78 468, und die 78 510 der DB AG steht im Verkehrsmuseum Nürnberg.

Baureihe	**78^{0-5}**
Bauart	**2'C2' h2t**
Länge über Puffer	**14.800 mm**
Durchmesser Treib- und Kuppelrad	**1.650 mm**
Durchmesser Laufrad (vorn)	**1.000 mm**
Durchmesser Laufrad (hinten)	**1.000 mm**
Radsatzstand	**11.700 mm**
Höchstgeschwindigkeit	**100 km/h**
Leistung	**1.140 PSi**
Dienstmasse	**105 t**
Indienststellung	**1912–1924**
Museumslok	**78 510**

Baureihe 82

Die Deutsche Bundesbahn hatte ursprünglich vor, die fünfachsigen Tenderlokomotiven der Baureihe 94 durch Neubaulokomotiven abzulösen. Nachdem mehrere Entwürfe unterschiedlicher Hersteller geprüft worden waren, bestellte sie 37 Lokomotiven der Baureihe 82 bei den Maschinenfabriken Esslingen, Henschel und Krupp.
Die 82 023 wurde als erste Neubau-Dampflok der Deutschen Bundesbahn im September 1950 geliefert und kam zunächst zur Versuchsanstalt Minden. Aufgrund noch nicht endgültig festgelegter konstruktiver Details erhielten die Lokomotiven 82 013 bis 022 Oberflächenvorwärmer, während die übrigen Maschinen zunächst ohne Vorwärmer ausgeliefert wurden, die jedoch später problemlos nachgerüstet werden konnten.
Bis Ende 1951 standen die Lokomotiven 82 001 bis 037 zur Verfügung. Im Juli 1952 wurden 82 029 und 030 versuchsweise mit Mischvorwärmern ausgestattet. 1955 lieferte die Maschinenfabrik Esslingen vier weitere Exemplare, sodass insgesamt 41 Lokomotiven gefertigt wurden. Diese Nachbauten waren ab Werk mit einem Henschel-Mischvorwärmer und einer Riggenbach-Gegendruckbremse ausgestattet.
Die Maschinen wurden hauptsächlich im Rangierdienst auf großen norddeutschen Güterbahnhöfen, wie in Hamburg-Wilhelmsburg und im Hamburger Hafen, eingesetzt. Sie waren jedoch auch in Süddeutschland stationiert. In Altenkirchen, Freudenstadt und Koblenz kamen sie zusätzlich im gemischten Personen- und Güterzugdienst auf Steilstrecken zum Einsatz. Mit einer Höchstgeschwindigkeit von 70 km/h gehörten die Lokomotiven zu den schnellsten Dampflokomotiven der Deutschen Bundesbahn ohne Laufradsätze.
Im Juli 1966 wurde 82 018 als erste Maschine abgestellt. Zur Umzeichnung im Jahr 1968 befanden sich noch 27 Lokomotiven im Bestand. 1972 wurden schließlich die letzten Loks der Baureihe 082 ausgemustert, gleichzeitig mit der Baureihe 094, die ursprünglich durch die Baureihe 82 ersetzt werden sollte. Als Museumslokomotive blieb 82 008 erhalten. Sie gehört heute der DB AG und steht in Koblenz-Lützel.

Baureihe	**82**
Bauart	**E h2t**
Länge über Puffer	**14.040 mm**
Durchmesser Treib- und Kuppelrad	**1.400 mm**
Radsatzstand	**6.600 mm**
Höchstgeschwindigkeit	**70 km/h**
Leistung	**1.290 PSi**
Dienstmasse	**91,8 t**
Indienststellung	**1950–1955**
Museumslok	**82 008**

Baureihe 86

Die Baureihe 86 wurde nach dem Einheits-Typenprogramm der Deutschen Reichsbahn zur Beförderung schwerer Güterzüge auf Strecken mit geringer Steigung sowie für den Einsatz von Personen- und gemischten Zügen auf steileren Strecken entwickelt.

Die ersten sieben Maschinen kamen 1928 zur Reichsbahn. Dank der weitgehenden Standardisierung konnten viele Bauteile aus anderen Einheitsbaureihen übernommen werden.

Zunächst wurden Bissel-Laufradsätze verwendet, was jedoch nicht die gewünschten Fahreigenschaften brachte. Daher erhielten später gebaute Lokomotiven Krauss-Helmholtz-Lenkgestelle, wodurch sich die Laufqualität insbesondere in engen Gleisbögen deutlich verbesserte.

Während des Zweiten Weltkriegs wurde die Baureihe 86 als kriegswichtig weitergebaut, allerdings in vereinfachter Form. Bis 1943 waren nahezu alle deutschen Lokomotivfabriken am Bau der insgesamt 774 Maschinen beteiligt. Die Lokomotive 86 966 wurde als einzige ihres Bauloses 1943 bei Krupp aus Ersatzteilen gefertigt.

Rund zwanzig Lokomotiven gingen während des Krieges verloren, und viele verblieben bei ausländischen Bahnen. Die Deutsche Bundesbahn übernahm 385 Exemplare. Die letzten Maschinen schieden 1974 aus dem regulären Bestand aus, nachdem sie zuvor überwiegend im Nebenbahn- und Übergabedienst eingesetzt worden waren. Zur Reichsbahn der DDR gelangten 175 Maschinen, von denen viele im Erzgebirge eingesetzt wurden. Einige fanden auch Verwendung auf der Insel Usedom und erhielten dafür sogar kleine Witte-Windleitbleche. Zwar nahm die Reichsbahn die Maschinen bis 1976 aus dem planmäßigen Dienst, doch Mitte der 1980er-Jahre erlebten einzelne Lokomotiven auf der Erzgebirgsstrecke zwischen Schlettau und Crottendorf eine kurze Renaissance. Dieser Einsatz wurde jedoch 1987 endgültig beendet.

Heute sind noch mehr als zehn Exemplare der Baureihe 86 erhalten, darunter die Lokomotiven 86 001 und 86 457 der DB AG.

Baureihe	**86**
Bauart	**1'D1' h2t**
Länge über Puffer	**13.820 / 13.920 mm**
Durchmesser Treib- und Kuppelrad	**1.400 mm**
Durchmesser Laufrad (vorn)	**850 mm**
Durchmesser Laufrad (hinten)	**850 mm**
Radsatzstand	**10.300 mm**
Höchstgeschwindigkeit	**80 km/h**
Leistung	**1.030 PSi**
Dienstmasse	**88,0–88,5 t**
Indienststellung	**1928–1943**
Museumsloks	**86 001, 86 457**

Baureihe 88^{73}

Im Jahr 1875 entwickelte die Firma Maffei für den Rangierdienst in Bayern die zweifach gekuppelten Tenderlokomotiven der Baureihe D IV. Ein markantes Merkmal dieser Lokomotiven war der im Innenrahmen aufgehängte Wasserkasten, ein Merkmal, das später auch bei anderen Baureihen genutzt wurde und dort zu einem charakteristischen Konstruktionsmerkmal wurde. Zudem waren die Loks mit einer außenliegenden Stephenson-Steuerung mit Flachschiebern und zweischieniger Kreuzkopfführung ausgestattet. Anfangs war nur eine Wurfhebelbremse verbaut, eine Druckluftbremse konnte jedoch später nachgerüstet werden. Der Langkessel aus zwei Schüssen war genietet. Auf dem Kessel standen der Dampfdom, die Sicherheitsventile und später der Sanddom.

Später hatten auch die Pfälzischen Eisenbahnen Interesse an diesen Maschinen und beschafften zwischen 1892 und 1897 insgesamt 31 dieser Loks. 17 kamen von Maffei, 14 von Krauss. Die in der Pfalz als »T 1« bezeichneten kleinen Zweikuppler unterschieden sich nur wenig von den bayerischen Schwestermodellen und bewährten sich auch unter den dortigen Betriebsbedingungen.

1925 übernahm die Deutsche Reichsbahn noch 21 Exemplare dieser Lokomotiven, die als 88 7301 bis 7321 in den Bestand aufgenommen wurden. 1933 waren jedoch nur noch drei Loks in Ludwigshafen vorhanden. Die letzte Lok, die 88 7306, stellte 1936 ihren offiziellen Dienst ein, wurde jedoch weiterhin betrieblich genutzt. Sie blieb noch bis 1961 als Rangierlok im Bw Ludwigshafen im Einsatz. In der Literatur wird für diese Lok häufig die Nummer 805 8001 genannt, wobei diese Nummer seit etwa 1936 bereits der Lok 98 7512 zugewiesen war, was wiederholt zu Missverständnissen führte.

Heute steht die 88 7306 als Museumsexponat in Neustadt an der Weinstraße, nachdem sie nach einer längeren Zeit als Denkmal in Stegen (Breisgau) dorthin umgesetzt und museal aufgearbeitet wurde.

Baureihe	**88^{73}**
Bauart	**B n2t**
Länge über Puffer	**8.005 mm**
Durchmesser Treib- und Kuppelrad	**985 mm**
Radsatzstand	**2.440 mm**
Höchstgeschwindigkeit	**45 km/h**
Leistung	**keine Angabe**
Dienstmasse	**29 t**
Indienststellung	**1892–1897**
Museumslok	**88 7306**

Baureihe $89^{0,10}$

Zu Beginn des 20. Jahrhunderts sollte die preußische T 3 durch eine schnellere und leistungsstärkere Lok ersetzt werden. Deshalb entwickelte die Maschinenbau-Gesellschaft Breslau eine Maschine, die sowohl für den Rangierdienst als auch für den Vorort- und Nebenbahnverkehr vorgesehen war und damit ein breites Einsatzspektrum abdecken sollte. Die preußische T 8 wurde zwischen 1906 und 1909 insgesamt 100-mal gebaut.

Sie hatte einen genieteten Langkessel und ein Zweizylinder-Triebwerk. Die Wasservorräte wurden in zwei seitlich am Langkessel angebrachten, genieteten Wasserkästen untergebracht. Die Kohlevorräte waren in separaten Behältern untergebracht, die ebenfalls am Langkessel befestigt und vom Führerhaus aus zugänglich waren, was die Bedienung im täglichen Betrieb erleichterte.

Im Güterverkehr zeigte die T 8 zunächst gute Leistungen. Der kleine Kuppelraddurchmesser ermöglichte ihr ein schnelles Anfahren, wodurch sie auch für den Einsatz im Berliner Stadtbahnverkehr in Betracht gezogen wurde. Allerdings stellten sich die Laufeigenschaften bei höheren Geschwindigkeiten als unzureichend heraus, und die Lokomotiven wurden nach kurzer Zeit aus diesem Einsatzbereich zurückgezogen.

Die Deutsche Reichsbahn-Gesellschaft übernahm noch 78 Maschinen und ordnete sie unter den Nummern 89 001 bis 078 ein. Sie wurden jedoch bis spätestens 1930 ausgemustert und teilweise an Privatbahnen verkauft, da sich das Einsatzkonzept der Baureihe nicht dauerhaft bewährte. 89 006 und 89 065 gingen zur Lokalbahn AG München und kehrten nach deren Verstaatlichung 1938 zur Reichsbahn zurück, wo sie als 89 1001 und 1002 weiterverwendet wurden. Die Mecklenburgische Friedrich-Wilhelm-Eisenbahn erwarb die 89 039 und 89 001. Sie liefen nach der Verstaatlichung 1941 bei der Reichsbahn als 89 1003 und 89 1004.

Die 89 1004 stand bis 1966 im Dienst der Reichsbahn der DDR und wurde danach in das Verkehrsmuseum Dresden überführt. Heute wird sie von der BSW-Gruppe des Bw Halle P betreut und als technikgeschichtliches Zeugnis erhalten.

Baureihe	**$89^{0,10}$**
Bauart	**C h2t**
Länge über Puffer	**9.460 mm**
Durchmesser Treib- und Kuppelrad	**1.350 mm**
Radsatzstand	**3.400 mm**
Höchstgeschwindigkeit	**60 km/h**
Leistung	**600 PSi**
Dienstmasse	**45,6 t**
Indienststellung	**1906–1909**
Museumslok	**89 1004**

Baureihe 89^{6-8}

Kurz vor dem Ende des 19. Jahrhunderts beschaffte die Bayerische Staatsbahn für den Nebenbahn- und Verschubdienst eine dreifach gekuppelte Zweizylinder-Nassdampftenderlok, die sich in ihrer Leistung nur geringfügig von der Vorgängerbaureihe »D V« (Baureihe 8961) unterschied. Diese neue Lok erhielt die Bezeichnung »D II« und wurde in mehreren Serien bis 1923 gebaut. Im Laufe der Jahre wurden dabei einige Änderungen an den technischen Merkmalen vorgenommen.

Zwischen 1898 und 1904 bauten die Firmen Krauss und Maffei insgesamt 73 Lokomotiven der Baureihe »D II«. 70 wurden von der Reichsbahn übernommen und als 89 601 bis 670 eingereiht. 1906 / 07 und 1913 folgten weitere 18 Maschinen, die von Krauss gebaut wurden und die Bezeichnung »R 3/3« erhielten. Die Reichsbahn übernahm 17 davon als 89 701 bis 717.

Da der Bedarf weiterwuchs, gab es zwischen 1921 und 1923 eine dritte größere Lieferung: Krauss lieferte 90 weitere Lokomotiven unter der neuen Bezeichnung »R 3 / 3«. Sie waren etwas länger, größer und schwerer als ihre Vorgänger und wurden von der Reichsbahn ab 1925 als 89 801 bis 890 bezeichnet. Die Lokomotiven kamen auf fast allen größeren Bahnhöfen in Bayern zum Einsatz.

Nach dem Zweiten Weltkrieg gelangten 89 603 und 89 621 in die DDR, und drei Maschinen wurden nach Österreich abgegeben. Die ÖBB musterte ihre Lokomotiven bis 1957 aus, doch blieb die 89 837 noch viele Jahre lang bei der Grazer Schleppbahn im Einsatz. Heute steht sie im Bayerischen Eisenbahn-Museum in Nördlingen.

Die meisten Maschinen wurden nach dem Krieg von der Deutschen Bundesbahn übernommen. In den 1950er-Jahren schieden fast alle Loks der Baureihen 89^6 und 89^7 aus dem Dienst. Als letzte wurden 89 801 und 89 883 im Dezember 1964 außer Betrieb gesetzt. Als Museumslok der DB AG steht 89 801 heute im Museum in Koblenz-Lützel.

Baureihe	**89^{6-8}**
Bauart	**C h2t**
Länge über Puffer	**9.974 mm**
Durchmesser Treib- und Kuppelrad	**1.216 mm**
Radsatzstand	**3.700 mm**
Höchstgeschwindigkeit	**45 km/h**
Leistung	**430 PSi**
Dienstmasse	**42,0–47,6 t**
Indienststellung	**1898–1923**
Museumslok	**89 801**

Baureihe $89^{70\text{-}75}$

Die T 3 wurde für den Nebenbahn- und Verschubdienst entwickelt und war die erste dreifach gekuppelte Lokomotive in Preußen. Zwischen 1881 und 1910 beschaffte die Preußische Staatsbahn 1.345 Lokomotiven, wobei auch viele andere Staats- und Privatbahnen mehr als 100 Exemplare erwarben. Auch international fand die T 3 Anerkennung: Sie wurde nach Frankreich, Italien, Griechenland und sogar China exportiert. Insgesamt wurden rund 1.550 Lokomotiven gebaut.

Neben den originalen preußischen T 3 gab es auch Varianten, die nach anderen Musterblättern gefertigt wurden, wie zum Beispiel die T 3 der Oldenburgischen Staatsbahn oder der Mecklenburgischen Friedrich-Franz-Eisenbahn.

Die echten preußischen T 3 sind diejenigen, die nach den Musterblättern M III-4e (zwei Ausführungen) und M III-4p gebaut wurden. Während der langen Fertigungsperiode wurden die Maschinen im Laufe der Zeit an die gewonnenen Erfahrungen und technischen Erkenntnisse angepasst. Dabei wurden u. a. Länge, Gewicht, Leistung, die Form des Führerhauses, die Kesselaufbauten und die Bremssysteme verändert.

Mit der Einführung stärkerer und schnellerer Lokomotiven wurden die T 3 zunehmend aus dem leichten Nebenbahnbetrieb verdrängt und vermehrt im Rangierdienst eingesetzt. Dennoch blieb sie immer eine zuverlässige, wartungsarme und vielseitig einsetzbare Maschine.

Der Umzeichnungsplan von 1925 enthielt 511 Exemplare, die bei der Reichsbahn die Nummern 89 7001 bis 7511 erhielten. Dazu kamen 40 mecklenburgische T 3 (89 8001 bis 8022 und 8051 bis 8068) sowie 15 T 3 aus Oldenburg (98 201 bis 215).

Kurz nach der Umzeichnung wurden viele Lokomotiven ausgemustert und einige davon an Privat- und Werkbahnen verkauft. Mitte der 1930er-Jahre war der Bestand unter 200 Exemplare gesunken. Andererseits nahm die Reichsbahn Lokomotiven von Privatbahnen nach deren Verstaatlichung wieder in ihren Bestand auf.

Nach dem Zweiten Weltkrieg verblieben in der sowjetisch besetzten Zone noch etwa 40 Exemplare auf Staatsbahngleisen. 1949, nach der Übernahme der Privatbahnen durch die Reichsbahn der DDR, kamen über 100 weitere T 3 hinzu. Die letzten preußischen T 3 schieden erst 1969 aus dem Bestand der Reichsbahn aus.

Die Bundesbahn übernahm rund 70 Fahrzeuge, trennte sich jedoch relativ schnell wieder von ihnen. Die letzte T 3 der Bundesbahn, die 89 7538,

wurde im April 1963 ausgemustert. Zwei weitere T 3, als Werkloks 2 und 3 des Ausbesserungswerks (AW) Schwerte, blieben bis 1968 im Einsatz und erhielten die EDV-Nummern 089 002 und 089 003. Mit der Ausmusterung der Lok 089 003 (ehemals 89 7531) am 21. Juni 1968 endete der Einsatz der preußischen T 3 bei der DB endgültig. Aus dem Bestand der Bundesbahn blieb 89 7462 erhalten. Sie wurde im August 1960 ausgemustert und stand bis 1999 auf einem Spielplatz im Kölner Zoo, ehe sie ins Museum nach Koblenz-Lützel gebracht wurde.
Die 89 6009 gehört zur preußischen Bauart T 3. Sie wurde 1902 unter der Bezeichnung »Berlin 1808« von der Maschinenbau-Anstalt Humboldt AG geliefert und kam als 89 7403 in den Bestand der Deutschen Reichsbahn-Gesellschaft. 1931 wurde die Lok an die Kleinbahn Heudeber-Mattierzoll verkauft. Durch die Übernahme der Kleinbahn durch die Deutsche Reichsbahn der DDR kam die Lok wieder zu einer Staatsbahn zurück und bekam die Nummer 89 6009. Um ihren Aktionsradius auf Strecken mit wenig Infrastruktur zu verlängern, kuppelte die Reichsbahn sie 1961 mit einem dreiachsigen Schlepptender. Nach ihrer Ausmusterung wurde sie 1971 »Traditionslok«. 1994 übernahm die DB AG die Maschine und hielt sie weiterhin betriebsfähig. Im August 2008 lief dann die Kesselfrist ab, und nun steht die rollfähige Maschine im ehemaligen Bw Dresden-Altstadt.

Baureihe	**89^{70-75}**
Bauart	**C n2t**
Länge über Puffer	**8.300, 8.591 mm**
Durchmesser Treib- und Kuppelrad	**1.100 mm**
Radsatzstand	**3.000 mm**
Höchstgeschwindigkeit	**40 km/h**
Leistung	**290 PSi**
Dienstmasse	**30,6 t**
Indienststellung	**1882–1917**
Museumslok	**89 7462**

	89 6009 (mit Schlepptender)
Bauart	**C n2**
Länge über Puffer (mit Tender)	**14.368 mm**
Durchmesser Treib- und Kuppelrad	**1.100 mm**
Radsatzstand (Lok)	**3.000 mm**
Höchstgeschwindigkeit	**40 km/h**
Leistung	**290 PSi**
Dienstmasse (ohne Tender)	**30,6 t**
Indienststellung	**Umbau 1961**
Museumslok	**89 6009**

91 6580

Die Süddeutsche Eisenbahngesellschaft (SEG) bestellte 1938 bei Henschel & Sohn in Kassel eine Tenderlokomotive mit einer Höchstgeschwindigkeit von 60 km/h für den Personen- und Güterzugdienst. Sie sollte bei der Radsatzfolge 1'C eine maximale Radsatzlast von 15 Tonnen haben und damit auch auf Nebenstrecken einsetzbar sein.

Das Laufwerk leitete der Hersteller aus den ELNA-Typen ab, beim Kessel griff er auf die Ausführung der Einheitsbaureihe 81 zurück. Die Lok hat einen Blechrahmen, und der Laufradsatz ist in einem Bissel-Gestell gelagert. Der Antrieb erfolgt auf den mittleren Kuppelradsatz. Die Steuerung der Bauart Heusinger ist von den Einheitsloks übernommen worden.

Die Lok wurde 1938 an die SEG geliefert und kam zunächst auf den süddeutschen Strecken der Bahn in den Probeeinsatz. Sie bekam die Nummer 400. Nachdem die SEG mit der Maschine zufrieden war, kam sie wie vorgesehen zur Ilmenau-Großbreitenbacher Eisenbahn, wo sie planmäßig eingesetzt wurde.

1949 ging sie dann durch die Verstaatlichung der Bahn in den Bestand der Reichsbahn der DDR über und wurde als 91 6580 bezeichnet, unter dieser Nummer blieb sie fortan geführt.

Bis 1954 war die Lok in Arnstadt beheimatet und blieb ihrer Stammstrecke treu. Später wurde sie nach Gotha umbeheimatet. Im August 1969 trennte sich die Reichsbahn von der 91 6580 und verkaufte sie an den VEB Industriebahn Erfurt. Dort stand sie als Lok 4 bis 1977 unter Dampf und bediente Anschlüsse zu Erfurter Betrieben im regelmäßigen Werksverkehr. 1979 wurde sie endgültig abgestellt. Die Reichsbahn kaufte sie zurück und nahm sie in ihren Traditionslokbestand auf. Dazu bekam sie ihre alte Nummer 91 6580 zurück. Die Lok war jedoch weiterhin nicht betriebsfähig. Erst nach der Wende 1989 begann eine betriebsfähige Aufarbeitung. 1994 gelangte die Lok in den Museumsbestand der Deutschen Bahn AG und blieb bis 1996 aktiv. Heute steht sie im Lokschuppen des Museums in Arnstadt und zeugt dort von der Geschichte regionaler Eisenbahnen.

	91 6580
Bauart	1'C h2t
Länge über Puffer	10.600 mm
Durchmesser Treib- und Kuppelrad	1.200 mm
Durchmesser Laufrad (vorn)	800 mm
Radsatzstand (Lok)	6.000 mm
Höchstgeschwindigkeit	60 km/h
Leistung	keine Angabe
Dienstmasse	59,2 t
Indienststellung	1938
Museumslok	91 6580

Baureihe 92^{5-10}

Zu Beginn des 20. Jahrhunderts war das Arbeitspensum auf großen Rangierbahnhöfen der Preußischen Staatseisenbahnen derart gestiegen, dass es mit den vorhandenen Maschinen nicht mehr bewältigt werden konnte. Deshalb entwickelte man mit der T 13 eine leistungsfähige, vierfach gekuppelte Rangierlok.

Die Konstrukteure bevorzugten zwar die Heißdampfvariante, doch das Ministerium entschied sich für die kostengünstigere Nassdampfversion. Das Zweizylinder-Triebwerk arbeitete über recht kurze Stangen auf den zweiten Kuppelradsatz. Die ersten drei Kuppelradsätze waren fest im Rahmen gelagert, der vierte hatte ein Seitenspiel von 20 mm, was zu einem unruhigen Lauf führte. Zwischen 1910 und 1923 wurden 667 Maschinen gebaut, davon 587 für die Preußische Staatsbahn. Nach dem Ersten Weltkrieg mussten rund 100 Loks als Reparationen an die Siegermächte abgegeben werden. Die Reichsbahn konnte noch 485 Maschinen in ihren Bestand übernehmen, die unter den Nummern 92 501 bis 913 und 92 1001 bis 1072 geführt wurden. In den folgenden Jahren stockte die Reichsbahn ihren Bestand mit Maschinen aus Polen (92 951 bis 990) und der Tschechoslowakei (92 1101 bis 1112) auf.

Die Bundesbahn konnte 196 Fahrzeuge übernehmen, die hauptsächlich in den nördlichen Direktionsbezirken zum Einsatz kamen. Ab Mitte der 1950er-Jahre trennte sich die Bundesbahn von den Loks. Einige Exemplare hielten sich jedoch bis in die 1960er-Jahre, und die 92 739 wurde als letzte Lok 1965 in Kassel ausgemustert. Sie blieb erhalten und befindet sich heute im Eisenbahnmuseum Neustadt an der Weinstraße.

In der DDR überlebten die Lokomotiven noch einige Jahre länger. Obwohl die Reichsbahn der DDR nur 46 Maschinen übernehmen konnte, wurde die letzte erst am 17. Dezember 1970 ausgemustert.

Baureihe	**92^{5-10}**
Bauart	**D n2t**
Länge über Puffer	**11.100 mm**
Durchmesser Treib- und Kuppelrad	**1.250 mm**
Radsatzstand (Lok)	**5.275 mm**
Höchstgeschwindigkeit	**45 km/h**
Leistung	**500 PSi**
Dienstmasse	**59,9 t**
Indienststellung	**1910–1923**
Museumslok	**92 739**

Baureihe 94^{5-17}

1913 wurden bei den 94^{2-4} (preußische T 16) umfassende Änderungen vorgenommen. Ein Überhitzer wurde eingebaut, und die ursprüngliche Hängeeisen-Steuerung wurde durch eine mit Kuhnscher Schleife ersetzt. Der Rahmen wurde verstärkt, und der hintere Überhang verlängerte sich um 160 Millimeter. Damit konnten mehr Vorräte mitgenommen werden, was jedoch auch zu einer höheren Dienstmasse und einer größeren Radsatzlast führte. Der Radsatzstand betrug nun 5.800 Millimeter, wobei der erste und der fünfte Radsatz seitenverschiebbar waren. Der Antrieb wirkte auf den mittleren Radsatz. Die Lokomotiven waren für schwere Zugleistungen ausgelegt.

Die Beschaffung begann 1913 und zog sich bis 1924 hin. Insgesamt wurden 1.236 Maschinen gebaut. Sie waren unter den Nummern 94 502 bis 1377, 1519 bis 1740 und 1378 bis 1518 auf den Gleisen der Reichsbahn im Einsatz. Fahrzeuge aus Baden, dem Saarland und Elsass-Lothringen wurden im letzten Nummernkreis eingereiht.

Für den Einsatz auf Steilrampen wurden einige Loks mit einer Riggenbach-Gegendruckbremse ausgestattet, sodass sie auch im Schubdienst eingesetzt werden konnten.

Nach dem Zweiten Weltkrieg verblieben der Deutschen Bundesbahn 1950 noch 679 Loks. Viele von ihnen waren jedoch in schlechtem Zustand oder wurden nicht mehr genutzt. Bis 1961 war die Zahl auf etwa 450 Exemplare gesunken. Im Jahr 1968 erhielten rund 140 Maschinen die EDV-gerechte Bezeichnung 094. Mit der zunehmenden Auslieferung von Diesellokomotiven wurden die Fünfkuppler schließlich aus dem Dienst verdrängt. Die letzten wurden im Dezember 1974 aus den Bestandslisten gestrichen.

Die Deutsche Reichsbahn (DR) konnte nach Kriegsende noch 249 Loks in ihren Bestand übernehmen. Sie wurden bis 1975 ausgemustert.

Heute sind noch zwei Exemplare der Baureihe 94 bei der DB AG als Museumslokomotiven erhalten: die 94 1292 in Arnstadt und die 94 1692 bei der Rennsteigbahn.

Baureihe	**94^{5-17}**
Bauart	**E h2t**
Länge über Puffer	**12.660 mm**
Durchmesser Treib- und Kuppelrad	**1.350 mm**
Radsatzstand	**5.800 mm**
Höchstgeschwindigkeit	**40 km/h**
Leistung	**1.070 PSi**
Dienstmasse	**84,9 t**
Indienststellung	**1913-1924**
Museumsloks	**94 1292, 1692**

Baureihe 95^0

Nach dem erfolgreichen Einsatz der »Tierklasse«-Tenderloks (9566) durch die Halberstadt-Blankenburger Eisenbahn (HBE) entschied sich die Preußische Staatsbahn, ebenfalls eine fünffach gekuppelte Tenderlokomotive zu entwickeln. Sie sollte auf Steilstrecken in Mittelgebirgen eingesetzt werden und dort den Zahnradbetrieb ersetzen.

Die T 20, eine der größten Tenderlokomotiven Deutschlands, wurde mit einem Zweizylinder-Heißdampftriebwerk und einem Barrenrahmen ausgestattet. Sie verfügt über eine Knorr-Druckluftbremse sowie eine Riggenbach-Gegendruckbremse. Mit einer Reibungsmasse von 95,3 Tonnen ist sie deutlich schwerer als die HBE-Loks, die 25 Tonnen weniger wogen.

Zwischen 1922 und 1924 wurden insgesamt 45 Lokomotiven gebaut: 18 Maschinen von Borsig und 27 von Hanomag. Nach der Übernahme durch die Deutsche Reichsbahn-Gesellschaft erhielten die Lokomotiven die Betriebsnummern 95 001 bis 045. Sie kamen vor allem auf den Steilstrecken des Thüringer Waldes, des Frankenwaldes, der Geislinger Steige und auf der Schiefen Ebene bei Neuenmarkt-Wirsberg zum Einsatz.

Nach dem Zweiten Weltkrieg wurden 14 Lokomotiven von der Deutschen Bundesbahn übernommen und im Bw Aschaffenburg stationiert. Die letzten sechs Maschinen wurden 1958 ausgemustert.

Bei der Deutschen Reichsbahn der DDR waren 31 Loks im Raum Probstzella und ab 1966 auch auf der Rübelandbahn im Harz im Einsatz. Ab 1966 wurden 24 dieser Loks auf Ölfeuerung umgestellt. 1980/1981 verschwanden die letzten Exemplare von den Gleisen der Reichsbahn. 95 027 blieb als Museumslok der DB AG bis heute erhalten. Die betriebsfähige Maschine ist an die Arbeitsgemeinschaft Rübelandbahn verliehen und immer wieder vor Sonderzügen anzutreffen.

Baureihe	**95^0**
Radsatzfolge	**1'E1' h2t**
Länge über Puffer	**15.100 mm**
Durchmesser Treib- und Kuppelrad	**1.400 mm**
Durchmesser Laufrad (vorn)	**850 mm**
Durchmesser Laufrad (hinten)	**850 mm**
Radsatzstand	**11.900 mm**
Höchstgeschwindigkeit	**70 km/h**
Leistung	**1.620 PSi**
Dienstmasse	**127,4 t**
Indienststellung	**1922–1924**
Museumslok	**95 027**

Baureihe 98^3

Zu Beginn des 20. Jahrhunderts benötigte die Bayerische Staatsbahn für den Personenverkehr auf ihren Lokalbahnen eine leichte, möglichst kostengünstige Lokomotive. Die Münchner Lokfabriken Krauss & Comp. sowie J. A. Maffei erhielten den Auftrag, eine solche Maschine zu entwickeln. Beide entschieden sich für einen zweiachsigen Zweikuppler, der von nur einer Person, dem Lokführer, bedient werden konnte. Diese sogenannten »Motorlokomotiven« kamen ohne Heizer aus, weil die Schüttgutfeuerung direkt vom Lokführer bedient wurde. Dies senkte die Betriebskosten deutlich.

Krauss lieferte 1905 die ersten drei Lokomotiven der Gattung PtL 2/2. Maffei folgte zwischen 1906 und 1908 mit 22 Maschinen, deren Zylinder zwischen den beiden Radsätzen angebracht waren. Diese Bauarten wurden zwischen 1922 und 1924 ausgemustert und erhielten daher keine Reichsbahnnummern mehr.

Krauss entwickelte seine Variante weiter und lieferte 1908/09 nochmals 29 Lokomotiven. Das neue Führerhaus mit großen Fensterflächen brachte ihnen den Spitznamen »Glaskasten« ein. Neun Maschinen wurden 1925 als 98 301 bis 309 von der Deutschen Reichsbahn übernommen.

Nach einer weiteren Überarbeitung durch Krauss verzichtete man auf die Blindwelle und verlegte den Antrieb direkt auf den zweiten Radsatz. So entstanden 1911 neun und 1914 nochmals vier Lokomotiven. Die Reichsbahn übernahm sie als 98 310 bis 322.

Insgesamt 17 Lokomotiven gelangten zur Bundesbahn. Sie blieben den bayerischen Nebenbahnen treu. Einige schieden bereits in den 1950er-Jahren aus. Als letzte wurde 98 307 im Juli 1963 aus dem Bestand gestrichen und kam ins Verkehrsmuseum Nürnberg. Heute steht sie im Dampflokmuseum in Neuenmarkt-Wirsberg. Auch 98 327 blieb erhalten. Sie repräsentiert die Ausführung ohne Blindwelle und wurde der Länge nach aufgeschnitten, um die Technik sichtbar zu machen. Sie befindet sich in Koblenz-Lützel.

Baureihe	**98^3**
Bauart	**B h2**
Länge über Puffer	**7.007 / 6.800 mm***
Durchmesser Treib- und Kuppelrad	**1.006 mm**
Radsatzstand (Lok)	**3.200 / 2.700 mm***
Höchstgeschwindigkeit	**50 km/h**
Leistung	**210 PSi**
Dienstmasse	**22,7 / 22,1 t***
Indienststellung	**1906-1914**
Museumsloks	**98 307, 327**
*** 98 301-309 / 98 310-322**	

Baureihe 101

Nach über 20 Jahren im Dienst zeigten die Lokomotiven der Baureihe 103 in den frühen 1990er-Jahren zunehmend Verschleißerscheinungen. Um Ersatz zu schaffen, bestellte die Deutsche Bahn AG Ende 1994 bei ABB Henschel insgesamt 145 Lokomotiven der neuen Baureihe 101. Die Lieferung erfolgte zwischen Mitte 1996 und Mitte 1999.

Die Baureihe 101 wurde mit einem Fahrzeugkasten in traditioneller Stahlbauweise ausgestattet, der auf einem U-förmigen Rahmen ruht. Der Kasten besteht aus einem Gerippe mit aufgeschweißten Blechen sowie aus drei abnehmbaren Dachhauben. Zwei Flexifloat-Drehgestelle mit Radsatzständen von nur 2.650 mm und geringem Gewicht der ungefederten Massen sorgen dafür, dass die Lokomotiven auch in engen Radien stabil fahren. Jeder Radsatz wird von einem integrierten Gesamtantrieb (IGA) aus einem Drehstrom-Asynchron-Fahrmotor, einem Getriebe und einer innenbelüfteten Scheibenbremse angetrieben. Das Drehmoment wird vom Getriebe über eine Gelenkhohlwelle auf den Radsatz übertragen.

Die elektrische Ausstattung umfasst einen Haupttransformator sowie Stromrichter mit GTO-Thyristoren. Die Steuerung erfolgt über das Leitsystem MICAS-S, das von einem 16-Bit-Rechner gesteuert wird. Ein Diagnosesystem namens DAVIS unterstützt die Wartung sowie die Fehlerdiagnose.

Im Jahr 2025 waren noch einige Lokomotiven der Baureihe 101 bei DB Fernverkehr im Einsatz. Sie waren in Hamburg-Eidelstedt stationiert, allerdings hatte deren Zahl aufgrund zahlreicher Ausmusterungen stark abgenommen. Die verbliebenen Lokomotiven verkehrten vor hochwertigen InterCity- und EuroCity-Zügen auf Strecken in ganz Deutschland.

101 001 wurde inzwischen vom DB Museum übernommen und in den klassischen TEE-Farben Rot und Beige lackiert. Sie trägt den Schriftzug »RHEINGOLD« auf den Seitenwänden. In Sonderzügen, die aus TEE-Wagen des DB Museums und der AKE-Eisenbahntouristik bestehen, ist sie auch heute noch in ganz Deutschland unterwegs.

Baureihe	**101**
Radsatzfolge	**Bo'Bo'**
Länge über Puffer	**19.100 mm**
Raddurchmesser	**1.250 mm**
Höchstgeschwindigkeit	**220 km/h**
Stundenleistung	**6.600 kW**
Dauerleistung	**6.400 kW**
Dienstmasse	**83,0 t**
Radsatzfahrmasse	**21,0 t**
Stromsystem	**15 kV / 16,7 Hz ~**
Indienststellung	**1996–1999**
Museumslok	**101 001**

Baureihe E 03 (UIC DB: 103⁰)

In den 1960er-Jahren, als die Deutsche Bundesbahn die Reisegeschwindigkeiten im TEE- und später auch im IC-Netz erhöhen wollte, benötigte sie Lokomotiven, die eine Höchstgeschwindigkeit von 200 km/h erreichen konnten.

Um dieses Ziel zu erreichen, beauftragte die Bundesbahn die Industrie mit der Entwicklung einer neuen Baureihe. Nach der Prüfung unterschiedlicher Konstruktionen bestellte sie 1965 bei Henschel in Kassel vier Prototypen, die als E 03 001 bis E 03 004 geliefert wurden. Zwei dieser Lokomotiven wurden mit einem Henschel-Verzweigerantrieb ausgestattet, während die anderen beiden einen SSW-Gummiring-Kardanantrieb erhielten. Gemeinsam war ihnen der für TEE-Züge vorgeschriebene Anstrich mit einem rot- und cremefarbenen Lokkasten.

Die Maschinen wurden erstmals auf der Internationalen Verkehrsausstellung 1965 in München präsentiert, wobei die E 03 001 zwischen Augsburg und München Hochgeschwindigkeitsfahrten mit bis zu 200 km/h durchführte.

Ab 1966 wurden die vier Vorserienmaschinen regelmäßig im TEE-Verkehr eingesetzt. Später kamen auch D-Züge hinzu. Mit dem Erscheinen der Serienlokomotiven der Baureihe 103 wurden die E 03 aus dem hochwertigen Zugdienst verdrängt. Sie kamen nun vor allem im Eil- und Nahverkehr mit Ausgangspunkt Hamburg zum Einsatz. Zunehmend wurden sie für Versuche genutzt und in die Dienstfahrzeugreihe 750 umgezeichnet. Die 103 003 wurde sogar für eine Höchstgeschwindigkeit von 280 km/h zugelassen. Ein denkwürdiger Moment ereignete sich am 14. Juni 1985, als 103 003 zwischen Brackwede und Neubeckum mit einer Geschwindigkeit von 283 km/h einen neuen Rekord auf deutschen Schienen aufstellte.

Ende der 1980er-Jahre, als die Baureihe 120 zur Verfügung stand, wurden die 103⁰ ausgemustert. 103 003 wurde verschrottet, während die anderen drei Lokomotiven erhalten blieben. Die DB AG hält E 03 001 in Koblenz und E 03 004 in Lichtenfels als Museumslokomotiven vor. E 03 001 ist betriebsfähig und mit passenden Wagen regelmäßig als Sonderzug unterwegs.

Baureihe	**E 03 (UIC DB: 103⁰)**
Radsatzfolge	**Co'Co'**
Länge über Puffer	**14.100 mm**
Raddurchmesser	**1.250 mm**
Höchstgeschwindigkeit	**200 km/h**
Stundenleistung	**6.420 kW**
Dauerleistung	**5.950 kW**
Dienstmasse	**110 t**
Radsatzfahrmasse	**18,6 t**
Stromsystem	**15 kV / 16,7 Hz ~**
Indienststellung	**1965**
Museumsloks	**E 03 001, 002, 004**

Baureihe 103^1

1969 bestellte das BZA Minden die ersten Serienmaschinen der Baureihe 103^1. Am 8. September 1970 wurde 103 109 als erste Lokomotive an die Bundesbahn übergeben, und mit 103 245 endete am 31. Mai 1974 die Beschaffung.

Der Lokkasten besteht aus zwei fest mit dem Rahmen verschraubten Kopfstücken und drei abnehmbaren Hauben. 1982 begann die DB damit, die Frontschürzen zu entfernen. Ab 1990 folgten auch die Pufferverkleidungen, da sich dort zunehmend Rost bildete. Im Betrieb zeigte sich zudem, dass die Führerstände recht eng geraten waren. Daher wurden sie ab Lok 103 216 um 350 mm verlängert.

Die Fahrmotoren sind in den Drehgestellen montiert. Die Kraftübertragung über Zugstangen ermöglichte dabei eine gegenüber älteren Drehgestellbauarten geringere Masse. Die mehrlösige Hochleistungs-Druckluftklotzbremse kann zusammen mit der elektrischen Bremse genutzt werden. Für den Einsatz auf Schnellfahrstrecken erhielten die Lokomotiven zusätzlich eine elektropneumatische Bremse (ep-Bremse) sowie eine Notbremsüberbrückung (NBÜ). Eine Schleuder- und Gleitschutzanlage verhindert das Durchdrehen beziehungsweise das Gleiten der Radsätze.

Anfangs waren die 103er mit Scherenstromabnehmern ausgerüstet, später wurden diese durch Einholmstromabnehmer ersetzt. Der ursprünglich für die Vorserie entwickelte zwölfpolige, fremdbelüftete Reihenschluss-Kommutatormotor vom Typ WB 368/17 wurde für die Serienmaschinen weiter verstärkt.

Neben der Sicherheitsfahrschaltung (Sifa) und der Linienzugbeeinflussung (LZB) verfügten die 103 auch über eine Automatische Fahr- und Bremssteuerung (AFB). Für Schnellfahrstrecken wurde zusätzlich der Zugbahnfunk eingebaut.

Nach ihrer Ablieferung verdrängten die ersten Serienlokomotiven die Vorserien-103 aus den TEE-Diensten. Im Herbst 1971 führte die DB das An-

Baureihe	**103^1**
Radsatzfolge	**Co'Co'**
Länge über Puffer	**19.500 / 20.200 mm***
Raddurchmesser	**1.250 mm**
Höchstgeschwindigkeit	**200 km/h**
Stundenleistung	**7.780 kW**
Dauerleistung	**7.440 kW**
Dienstmasse	**114 t**
Radsatzfahrmasse	**18,8 t**
Stromsystem	**15 kV / 16,7 Hz ~**
Indienststellung	**1970–1974**
Museumsloks	**9 Maschinen**

*** 103 101-215 / 103 216 ff.**

gebot »InterCity 71« ein, bei dem fast alle Züge von der Baureihe 103 bespannt wurden.
Ab 1977 waren auf der Strecke zwischen München und Augsburg-Hochzoll planmäßig 200 km/h erlaubt. 1978 folgten weitere 200-km/h-Abschnitte im nördlichen Deutschland. 1979 starteten unter dem Namen »InterCity 79« stündliche, zweiklassige Verbindungen, die ebenfalls überwiegend von der 103 gezogen wurden. Bis 1985 blieb dieses Konzept weitgehend unverändert.
Den ersten deutlichen Einschnitt erlebte die Baureihe Ende der 1980er-Jahre, als ab dem Sommerfahrplan 1988 vermehrt die Baureihe 120 eingesetzt wurde. Am 25. September 1988 führte die DB zudem die InterRegio-Züge ein, die ebenfalls von der 103 bespannt wurden. Die bedeutendsten Veränderungen brachte jedoch das Jahr 1991, als die ersten ICE-Triebzüge in Betrieb gingen.
Aufgrund des zunehmenden Verschleißes senkte die DB 1992 die Höchstgeschwindigkeit einiger Maschinen auf 160 km/h; diese wurden danach im Eil- und Nahverkehr eingesetzt. 1994 gingen die meisten 103er in den Bestand der neu gegründeten Deutschen Bahn AG über.
Nach rund 30 Jahren im schweren Reisezugdienst wurden bis Dezember 2002 die meisten Serienlokomotiven ausgemustert. 2016 schied die 103 245 als letzte im Bestand von DB Fernverkehr stehende Lok aus und ging ins DB Museum über. Bis 2020 wurde sie jedoch weiterhin von München aus für Regel- und Sonderzüge eingesetzt.
Heute befinden sich die 103 113, 220, 233 und 245 im DB Museum Koblenz. Die 103 101 steht im Eisenbahnmuseum Darmstadt-Kranichstein, die 103 136 im Bayerischen Eisenbahnmuseum Nördlingen, und die 103 226 ist als Leihgabe beim Lokomotiv-Club 103 in Wuppertal erhalten.

Baureihe E 04 (UIC DB: 104, DR: 204)

Basierend auf den positiven Erfahrungen mit der E 17 lieferte AEG 1932 und 1933 zehn Maschinen mit einer ähnlichen Grundkonzeption, jedoch mit einem Treibradsatz weniger als die E 17. Sie verfügten über weiterentwickelte Gestellmotoren und den bewährten Kleinow-Federtopf-Antrieb. Ursprünglich waren zwölf Exemplare geplant. Wegen der Beschaffung der E 05 reduzierte die Bahn den Auftrag jedoch zunächst auf zehn Lokomotiven.

Nachdem sich die ersten E 04 bewährt hatten, bestellte die Reichsbahn 1933 elf weitere Maschinen für den Einsatz auf süddeutschen Strecken. Der letzte Auftrag über die E 04 22 und 23 erging 1934.

Obwohl die E 04 konstruktiv für eine Höchstgeschwindigkeit von 130 km/h ausgelegt war, wurde sie zunächst nur für 110 km/h zugelassen. Bei Schnellfahrten erreichte E 04 09 am 28. Juni 1933 zwischen München und Stuttgart 151,5 km/h. Daraufhin wurden bei E 04 09 und 10 die Getriebeübersetzungen geändert und die Bremsen verstärkt, sodass diese sowie alle weiteren Maschinen 130 km/h fahren durften.

Nach dem Zweiten Weltkrieg kamen E 04 17 bis 22 zur Bundesbahn. Bis 1968 waren sie in München stationiert, danach wurden sie als Baureihe 104 nach Osnabrück versetzt, wo ihr Einsatz bis 1981 andauerte. Siebzehn Maschinen blieben nach dem Krieg in der sowjetisch besetzten Zone. Einige waren noch bis 1945/46 im Einsatz, mussten jedoch 1946 in die Sowjetunion abgegeben werden. 1952/53 kehrten sie nach Deutschland zurück.

Ab 1961 wurden E 04 01 bis 03, 05 bis 11, 14 bis 16 und 23 in Dessau aufgearbeitet und fuhren im Raum Magdeburg, Halle und Leipzig. Ab Mai 1968 waren alle E 04 (ab 1970 Baureihe 204) bis zu ihrer Außerdienststellung Ende 1976 in Leipzig Hbf West stationiert.

E 04 01 gehört der DB AG und steht heute in Leipzig Hbf am Museumsbahnsteig.

Die ebenfalls nicht betriebsfähige E 04 20 befindet sich in Koblenz-Lützel.

Baureihe	**E 04 (UIC DB: 104, DR: 204)**
Radsatzfolge	**1'Co1'**
Länge über Puffer	**15.120 mm**
Treibraddurchmesser	**1.600 mm**
Laufraddurchmesser	**1.000 mm**
Höchstgeschwindigkeit	**110 / 130 km/h***
Stundenleistung	**2.190 kW**
Dauerleistung	**2.010 kW**
Dienstmasse	**92 t**
Radsatzfahrmasse	**20,5 t**
Stromsystem	**15 kV / 16,7 Hz ~**
Indienststellung	**1932–1935**
Museumsloks	**E 04 01, 20**
***E 04 01-08 / E 04 09 ff.**	

Baureihe E 10^0 (UIC DB: 110^0)

Nach dem Zweiten Weltkrieg stand die Bundesbahn vor der Aufgabe, den Bahnbetrieb grundlegend zu modernisieren. Sie beauftragte deshalb id Industrie damit, bis April 1950 Entwürfe für eine neue Ellok-Baureihe vorzulegen. Die neuen Lokomotiven sollten Schnellzüge mit 700 Tonnen auf Steigungen von 10 ‰ Promille mit 90 km/h befördern können. Für Güterzüge mit 1.300 Tonnen waren bei einer Steigung von 5 ‰ 70 km/h vorgesehen. Die geforderte Stundenleistung lag zwischen 3.000 und 3.300 kW. Auch eine elektrische Widerstandsbremse war gefordert. Bei der Konstruktion ließ die Bahn jedoch große Freiheiten. Im November 1950 vergab sie den Auftrag für zunächst vier Lokomotiven. Die E 10 005 wurde erst später nachbestellt.

Die Lokomotiven besaßen einen durchgehenden Brückenrahmen, der den geschweißten Lokkasten trug. Eine wesentliche Neuerung bestand darin, dass die Maschinen erstmals im Sitzen bedient werden konnten, was eine deutliche ergonomische Verbesserung für das Lokpersonal darstellte. Während die E 10 001 und 003 mit einer Niederspannungssteuerung ausgerüstet wurden, erhielten die übrigen Maschinen eine Hochspannungssteuerung.

Die Die E 10 005 ging direkt in den Plandienst, während die anderen Lokomotiven zunächst im Versuchsbetrieb eingesetzt wurden. Ab 1955 standen schließlich alle Maschinen von Nürnberg aus im regulären Einsatz. Bald zeigte sich jedoch, dass sie für den Schnellzugdienst zu langsam waren, sodass sie überwiegend vor Eil- und Nahverkehrszügen eingesetzt wurden.

Eine geplante Umbeheimatung nach Norddeutschland wurde nicht mehr umgesetzt. Mitte der 1970er-Jahre entschied die Bundesbahn, sich von den Lokomotiven zu trennen. Zwei Maschinen blieben erhalten: E 10 002 ist heute als Ausstellungsstück in Nürnberg zu sehen, während sich E 10 005 im Museum in Koblenz-Lützel befindet.

Baureihe	**E 10^0 (UIC DB: 110^0)**
Radsatzfolge	**Bo'Bo'**
Länge über Puffer	**16.650 / 15.900 mm***
Raddurchmesser	**1.250 mm**
Höchstgeschwindigkeit	**130 km/h**
Stundenleistung	**3.280 / 3.440 kW***
Dauerleistung	**3.020 / 3.280 kW***
Dienstmasse	**82,1 / 80,0 t***
Radsatzfahrmasse	**20,5 / 20,0 t***
Stromsystem	**15 kV / 16,7 Hz ~**
Indienststellung	**1952–1953**
Museumsloks	**E 10 002, 005**
*** E 10 002 / E 10 005**	

Baureihe E $10^{1,3,12}$ (UIC DB: $110^{1,3}$, 112, 113, 114)

Nachdem die fünf Prototypen der Baureihe E 10^{0} (siehe Seite 57) erfolgreich getestet worden waren, bestellte die Bundesbahn die Lokomotiven in Serie. Zwischen 1957 und 1969 wurden insgesamt 420 Maschinen der Baureihen E 10^{1} und E 10^{3} gebaut, die ab 1968 als Baureihen 110^{1} und 110^{3} bezeichnet wurden.

Die Lokomotiven sollten in der Lage sein, Schnellzüge mit 500 Tonnen Gewicht auf einer Steigung von 5 ‰ mit 140 km/h zu ziehen. Für Züge mit 800 Tonnen waren noch 100 km/h vorgesehen, und Nahgüterzüge mit 1.300 Tonnen sollten bei einer Steigung von 3,5 ‰ mindestens 65 km/h erreichen.

Die ersten Exemplare kamen 1957 in Frankfurt, Heidelberg, Offenburg und Stuttgart zum Einsatz, später auch in Dortmund, Hamburg, Köln, München und Nürnberg. Von dort aus waren sie nahezu im gesamten elektrifizierten Netz der Bundesbahn unterwegs.

In den 1960er-Jahren benötigte die Bahn für TEE-Züge Maschinen, die 160 km/h erreichen konnten. Daher wurden 31 Lokomotiven aus der laufenden Produktion mit anderen Getrieben ausgestattet. Sie erhielten außerdem einen aerodynamischeren Lokkasten und einen zweifarbigen Anstrich, was ihnen ein eleganteres Erscheinungsbild verlieh. Diese Maschinen wurden ab 1968 als Baureihe 112 bezeichnet.

Mit zunehmendem Alter und der Beschaffung der Baureihe 103 wurden die Baureihen 110 und 112 verstärkt im Eil- und Nahverkehr eingesetzt. In den 1970er-Jahren verschlechterte sich ihr Zustand so weit, dass die Höchstgeschwindigkeit auf 140 km/h reduziert werden musste. Einige Maschinen durften später sogar nur noch 120 km/h fahren. Während die Baureihe 110 ihre Nummer beibehielt, wurden die 112 in die Baureihe 114 umgezeichnet. Ab 1991 erhielten sie die Bezeich-

Baureihe	E $10^{1,3,12}$ (UIC DB: $110^{1,3}$, 112, 113, 114)
Radsatzfolge	Bo'Bo'
Länge über Puffer	16.440 mm
Raddurchmesser	1.250 mm
Höchstgeschwindigkeit	150 / 160 km/h*
Stundenleistung	3.700 kW
Dauerleistung	3.620 kW
Dienstmasse	84,6 / 86 t*
Radsatzfahrmasse	21,2 / 21,5 t*
Stromsystem	15 kV / 16,7 Hz ~
Indienststellung	1956–1969
Museumsloks	15 Lokomotiven
* E $10^{1,3}$ / E 10^{12}	

nung 113, da die Baureihe 112 für Lokomotiven der DDR vorgesehen war.

Ab Dezember 1991 wurde auch die Höchstgeschwindigkeit der Baureihe 114 auf 120 km/h begrenzt. Da die Bahn jedoch weiterhin auf diese Lokomotiven angewiesen war, tauschte man die Drehgestelle. Die ehemaligen TEE-Lokomotiven erhielten Drehgestelle der Baureihe 110 und wurden wieder als 110 eingeordnet. Die Baureihe 110 wiederum erhielt Drehgestelle ausgemusterter Lokomotiven der Baureihe 140 und wurde als Baureihe 139 umgezeichnet.

Einen besonderen Zugang stellte die 110 511 dar, die 1985 aus der 139 134 umgebaut wurde. Sie ersetzte die 110 477, die bei einem Unfall im Jahr 1983 schwer beschädigt und ausgemustert worden war.

Die meisten Lokomotiven kamen 1994 zur Deutschen Bahn AG und später zu DB Regio. Viele wurden für den Einsatz mit Wendezügen umgerüstet. Ab 2005 übernahm DB Autozug einige Maschinen, die nun als Baureihe 115 Nachtzüge bespannten. Die 115 509 trägt seit 2011 eine spezielle Beklebung zum Jubiläum »50 Jahre Auto im Zug«.

Heute sind alle Lokomotiven aus dem aktiven Dienst ausgeschieden, jedoch blieben zahlreiche Exemplare als Museumslokomotiven erhalten.

Baureihe E 11 (UIC DR: 211, DB AG: 109)

Am 1. September 1955 nahm die Reichsbahn der DDR die elektrische Zugförderung zwischen Halle (Saale) und Köthen wieder auf. Zunächst wurden dazu ausschließlich Vorkriegslokomotiven eingesetzt, die jedoch bald nicht mehr den Anforderungen entsprachen. Daher musste eine neue Elektrolokomotive für den Reisezugdienst entwickelt werden. Der Auftrag ging an das VEB Kombinat Lokomotivbau – Elektrotechnische Werke »Hans Beimler« Hennigsdorf (LEW). Da keine Lizenzen der DB-Baureihe E 10 erworben werden konnten, musste die neue Baureihe vollständig eigenständig von der Industrie der DDR entwickelt werden.

Anfang 1961 trafen E 11 001 und E 11 002 im Raw Dessau ein. Da sie keine gravierenden Mängel aufwiesen, begann bereits im Herbst 1962 die Serienproduktion. Bis zum Herbst 1963 wurden insgesamt 40 Exemplare ausgeliefert. In den 1970er-Jahren folgte eine zweite Bauserie, wobei 211 096 als letzte Maschine 1976 geliefert wurde.

Der Lokkasten in selbsttragender Leichtbauweise ist fest mit dem Hauptrahmen verschweißt. Die Drehgestelle sind über eine Querkupplung miteinander verbunden. Ein motorbetriebenes Nockenschaltwerk steuert die vier fremdbelüfteten, zwölfpoligen Wechselstrom-Reihenschlussmotoren. Ab Mitte der 1980er-Jahre begann die schrittweise Ablösung der Baureihe 211 durch die modernere Baureihe 243. In diesem Zusammenhang baute das RAW Dessau zwischen 1985 und 1991 insgesamt 22 Lokomotiven zu Güterzugmaschinen der Baureihe 242[3] um.

In den 1990er-Jahren waren die Lokomotiven nur noch in untergeordneten Diensten im Einsatz. Die meisten Maschinen wurden 1993 und 1994 ausgemustert, einige konnten an private Unternehmen verkauft werden. 211 001 [Halle (Saale)] und 211 049 (TEV Weimar) sind heute Museumslokomotiven der DB AG.

Baureihe	**E 11 (UIC DR: 211, DB AG: 109)**
Radsatzfolge	**Bo'Bo'**
Länge über Puffer	**16.260 mm**
Raddurchmesser	**1.350 mm**
Höchstgeschwindigkeit	**120 km/h**
Stundenleistung	**2.800 / 2.760 / 2.920 kW***
Dauerleistung	**2.600 / 2.600 / 2.740 kW***
Dienstmasse	**82,5 t**
Radsatzfahrmasse	**20,6 t**
Stromsystem	**15 kV / 16,7 Hz ~**
Indienststellung	**1961–1976**
Museumsloks	**E 11 001, 049**

*** E 11 001–002 / E 11 003–008 / E 11 009 ff.**

Baureihe 111

Nach dem Ende der Produktion der Baureihe 110 Anfang der 1970er-Jahre war der Bedarf an Schnellzuglokomotiven bei der DB noch nicht gedeckt. Da die Baureihe 110 jedoch nicht mehr dem aktuellen Stand der Technik entsprach, entschloss sich die Bahn, eine moderne Nachfolgebauart zu entwickeln. Obwohl bewährte Komponenten der Baureihe 110 beibehalten werden sollten, um die Kosten zu senken, wurden zahlreiche konstruktive Verbesserungen vorgenommen. So wurden das Laufwerk optimiert und die Lüftungstechnik weiterentwickelt. Besonders hervorzuheben ist der »integrierte Führerraum«, der nach modernen ergonomischen Prinzipien gestaltet wurde.

Im April 1974 bestellte die Bahn zunächst fünf Vorauslokomotiven. Nach eingehenden Untersuchungen folgten bis Ende 1984 weitere 222 Serienmaschinen.

Zunächst wurden die Lokomotiven vor allem im hochwertigen Reisezugdienst eingesetzt, wurden aber auch vor Eil- und Nahverkehrszügen genutzt. Für das »IC-79«-Konzept ließ die Bahn die ursprünglich für 150 km/h ausgelegte Baureihe 111 für eine Höchstgeschwindigkeit von 160 km/h zu.

1979 begann der S-Bahn-Betrieb im Rhein-Ruhr-Gebiet. Dafür bekamen 111 111 bis 111 188 eine »Zeitmultiplexe Wendezugsteuerung« sowie einen grau-orangefarbenen Lokkasten.

Mit dem Start der InterRegio-Züge Anfang der 1990er-Jahre bespannten die Lokomotiven der Baureihe 111 diese Züge auf der Relation Frankfurt (Main) – Bodensee.

Im Jahr 1990 übernahm 111 049 den »Lufthansa Airport Express«. In einem gelb-weißen Anstrich pendelte sie ein Jahr lang zwischen Frankfurt (Main) und Stuttgart, bevor sie von 103 101 abgelöst wurde.

1994 gingen die Lokomotiven in den Bestand der DB AG über. Altersbedingt waren bis 2025 viele Maschinen aus dem aktiven Dienst ausgeschieden. Die 111 001 ist heute betriebsfähig im DB-Betriebswerk Koblenz-Lützel erhalten, während die 111 003 als Leihgabe beim Verein zur Erhaltung historischer Lokomotiven e. V. in Euskirchen ausgestellt ist.

Baureihe	**111**
Radsatzfolge	**Bo'Bo'**
Länge über Puffer	**16.750 mm**
Raddurchmesser	**1.250 mm**
Höchstgeschwindigkeit	**160 km/h**
Stundenleistung	**3.700 kW**
Dauerleistung	**3.620 kW**
Dienstmasse	**83,0 t**
Radsatzfahrmasse	**21 t**
Stromsystem	**15 kV / 16,7 Hz ~**
Indienststellung	**1975–1984**
Museumsloks	**111 001, 003**

Baureihe E 16 (UIC DB: 116)

Für den schweren Schnellzugdienst beauftragte die Gruppenverwaltung Bayern der Deutschen Reichsbahn-Gesellschaft 1926 und 1927 den Bau von zehn Elektrolokomotiven bei Krauss (mechanischer Teil) und BBC (elektrischer Teil). Die Lokomotiven sollten Züge mit einem Gewicht von 600 Tonnen mit einer Geschwindigkeit von 100 km/h befördern können.

Die Maschinen wurden als ES 1 21001 bis 21006 sowie E 16 07 bis 10 ausgeliefert. Für die steigungsreiche Strecke zwischen München und Augsburg kamen später die leistungsstärkeren E 16 11 bis 17 hinzu.

Ein markantes Merkmal der E 16 ist der Buchli-Einzelradsatzantrieb. Bei diesem Antriebssystem befinden sich Motorritzel und Großzahnrad in einem Gehäuse außerhalb des Hauptrahmens, wodurch die ungefederten Massen reduziert wurden und ein ruhiger Lauf erzielt werden konnte.

Nach den positiven Betriebserfahrungen bestellte die DRG 1930 die E 16 18 bis 21. Diese Maschinen hatten unter anderem stärkere Fahrmotoren und einen leistungsfähigeren Haupttransformator. Als äußerlich gut erkennbares Merkmal besaßen sie einen zusätzlichen Hilfsrahmen für die Großzahnräder des Buchli-Antriebs. Aufgrund ihrer abweichenden Bauart wurden diese Lokomotiven als $E\,16^1$ bezeichnet. Abgesehen von einem kurzen Versuchseinsatz in Schlesien blieben die Lokomotiven nahezu ausschließlich in Bayern. Durch den Krieg gingen E 16 11 und E 16 13 verloren. Zwischen 1948 und 1951 wurden die verbliebenen 19 Lokomotiven einer umfassenden Reparatur unterzogen, bei der die $E\,16^1$ ihren markanten Hilfsrahmen verloren.

Ab September 1958 waren alle E 16 (ab 1968: Baureihe 116) in Freilassing stationiert. Als letzte Lok stellte 116 009 im Juni 1979 ihren Dienst ein. Bei der Bundesbahn blieben E 16 03 in Koblenz-Lützel sowie E 16 08 als Leihgabe im Eisenbahnmuseum Darmstadt-Kranichstein erhalten.

Baureihe	**E 16 (UIC DB: 116)**
Radsatzfolge	**1'Do1'**
Länge über Puffer	**16.300 mm**
Treibraddurchmesser	**1.640 mm**
Laufraddurchmesser	**1.000 mm**
Höchstgeschwindigkeit	**120 km/h**
Stundenleistung	**2.340 / 2.580 / 2.944 kW***
Dauerleistung	**2.020 / 2.400 / 2.655 kW***
Dienstmasse	**110,8 t**
Radsatzfahrmasse	**20,1 t**
Stromsystem	**15 kV / 16,7 Hz ~**
Indienststellung	**1926–1931**
Museumsloks	**E 16 03, 08**
*** E 16 01–10 / E 16 11–17 / E 16 18–21**	

Baureihe E 17 (UIC DB: 117)

Bei der Beschaffung von Elektrolokomotiven verfolgte die Reichsbahn das Ziel, möglichst kleine Fahrmotoren einzubauen. Ab 1924 waren daher die mehrere Probelokomotiven unterwegs. Die Erfahrungen zeigten, dass der »Federtopfantrieb« auch für leistungsstarke Schnellzuglokomotiven geeignet war.

Daraufhin bestellte die Bahn die E 17 01 bis 18 für Süddeutschland, E 17 101 bis 112 für Mitteldeutschland sowie E 17 113 bis 120 für Schlesien. Die Auslieferung erstreckte sich von Oktober 1928 bis Juni 1930. Technische Unterschiede zwischen den Serien gab es nicht.

Die Anforderungen an die Baureihe E 17 waren hoch: In der Ebene sollten sie 630-Tonnen-Schnellzüge mit 95 km/h, auf einer Steigung von 10 ‰ mit 72 km/h und auf 20-‰-Steigungen noch mit 54 km/h befördern können.

Im Zweiten Weltkrieg gingen acht E 17 verloren. 1950 befanden sich noch 26 Maschinen im Bestand der Bundesbahn, die in Augsburg und Stuttgart stationiert waren. Zwischen Ende Mai 1957 und Dezember 1967 wurden alle Lokomotiven schrittweise nach Augsburg umgesetzt. Ab Januar 1968 wurden die E 17 als Baureihe 117 bezeichnet und überwiegend im Eil- und Nahverkehr eingesetzt. Die Beschaffung der Baureihe 111 ab 1973 leitete ihr Ende ein. 1977 endete der planmäßige Einsatz, und 117 106 wurde am 24. April 1980 als letzte Maschine aus dem Bestand gestrichen. In der sowjetisch besetzten Zone verblieben vier E 17, die 1946 in die Sowjetunion transportiert wurden. E 17 101, 123 und 124 kehrten 1952/53 nach Deutschland zurück. Die Reichsbahn der DDR nahm E 17 123 und 124 in den Jahren 1958/59 erneut in Betrieb, stellte sie jedoch aufgrund ihrer hohen Störanfälligkeit bereits 1963 wieder ab.

E 17 103 der DB wurde 1985 äußerlich aufgearbeitet und im Eisenbahnmuseum Bochum-Dahlhausen ausgestellt. Heute befindet sie sich als betriebsfähiges Museumsfahrzeug in Lichtenfels.

Baureihe	**E 17 (UIC DB: 117)**
Radsatzfolge	**1'Do'1**
Länge über Puffer	**15.950 mm**
Treibraddurchmesser	**1.600 mm**
Laufraddurchmesser	**1.000 mm**
Höchstgeschwindigkeit	**120 km/h**
Stundenleistung	**2.800 kW**
Dauerleistung	**2.300 kW**
Dienstmasse	**111,7 t**
Radsatzfahrmasse	**20,2 t**
Stromsystem	**15 kV / 16,7 Hz ~**
Indienststellung	**1928–1930**
Museumslok	**E 17 103**

Baureihe E 18 (UIC DB: 118, DR: 218)

Mitte der 1930er-Jahre waren die Elektrolokomotiven der Reichsbahn nicht mehr in der Lage, die gestiegenen Anforderungen im Schnellzugdienst zu erfüllen. Daraufhin begann die Entwicklung der E 18, die sich an den Baureihen E 04 und E 17 orientieren sollte.

Zwischen 1935 und 1940 baute AEG 53 Maschinen. Wegen des Zweiten Weltkriegs wurde die Produktion eingestellt.

Nach Kriegsende fanden sich bei der Bundesbahn noch zahlreiche Ersatzteile für die E 18. Angesichts des dringenden Bedarfs an neuen Elloks wurden 1954 und 1955 bei Krupp in Essen und bei AEG aus diesen Teilen die E 18 054 und 055 gebaut.

Nach dem Krieg waren viele E 18 durch Bombenangriffe oder Unfälle zerstört. Der Bundesbahn standen 41 Maschinen zur Verfügung, die unter anderem vor den »blauen« F-Zügen, besonders in Süddeutschland, eingesetzt wurden. Herausragend war der Einsatz der E 18 im Sommer 1965 zwischen Würzburg und Wien. Ab 1970 kamen die Loks auch nach Innsbruck. Im Sommer 1974 wurden alle Loks in Würzburg zusammengefasst.

Mit der Auslieferung der Baureihen 110 und 111 verloren die E 18 – ab 1968: 118 – zunehmend an Bedeutung. Sie wurden in immer niedrigere Dienste versetzt und kamen bald nur noch im Eil- und Nahverkehr zum Einsatz. 1984 endete deren Einsatz.

In der sowjetisch besetzten Zone befanden sich 11 Maschinen. Nach Einstellung des elektrischen Zugbetriebs wurden diese 1946 in die UdSSR abgeführt. Einige von ihnen kehrten 1952 zurück.

Zwischen 1958 und 1960 baute die Deutsche Reichsbahn (DR) E 18 19, 31 und 40 wieder auf, und 1967 bis 1969 wurden E 18 19 und E 18 31 zu 180 km/h schnellen Lokomotiven für die VES-M in Halle umgebaut. Ab Herbst 1977 wurden sie – ab 1970 als Baureihe 218 – nur noch als Reserve verwendet.

Die DB AG hat E 18 03, 08, 31 und 047 in ihrem Museumsbestand.

Baureihe	**118 (UIC DB: 118, DR: 218)**
Radsatzfolge	**1'Do1'**
Länge über Puffer	**16.920 mm**
Treibraddurchmesser	**1.600 mm**
Laufraddurchmesser	**1.000 mm**
Höchstgeschwindigkeit	**150 km/h**
Stundenleistung	**3.040 kW**
Dauerleistung	**2.840 kW**
Dienstmasse	**108,5 t**
Radsatzfahrmasse	**19,8 t**
Stromsystem	**15 kV / 16,7 Hz ~**
Indienststellung	**1935–1955**
Museumsloks	**E 18 03, 08, 31, 047**

Baureihe E 19^{0,1} (UIC DB: 119)

Gegen Ende der 1930er-Jahre plante die Reichsbahn einen durchgehenden elektrischen Zugbetrieb zwischen Berlin und München. Dafür beauftragte sie 1937 zwei Hersteller damit, Loks zu entwickeln: AEG baute die E 19 01 und 02, während Henschel / SSW die E 19 11 und 12 entwarfen.

Beide Hersteller orientierten sich an der E 18, rüsteten die Loks aber mit deutlich stärkeren Motoren aus. Bei der elektrischen Ausführung unterschieden sich die beiden Typen jedoch erheblich: Die AEG-Maschinen erhielten Wechselstrom-Reihenschlussmotoren, während die SSW-Lokomotiven mit Doppelmotoren ausgestattet waren. Weil die E 19 im Versuchsbetrieb bis zu 225 km/h erreichen sollte, bekam sie zusätzlich eine elektrische Widerstandsbremse.

Zwischen Januar 1939 und Juli 1940 wurden die Loks in einer exklusiven, weinroten Lackierung geliefert.

Das Laufwerk besteht aus zwei Laufradsätzen und vier angetriebenen Radsätzen. Jeder dieser Laufradsätze war mit dem benachbarten Treibradsatz durch ein Krauss-Helmholtz-Lenkgestell Bauart AEG verbunden. Mit dem geschweißten Stahlblech-Außenrahmen in Leichtbauweise konnte Gewicht eingespart werden.

Der Ausbruch des Zweiten Weltkriegs verhinderte eine Erprobung im regulären Betrieb. Nach dem Krieg kamen alle vier Loks zur Bundesbahn, die die Höchstgeschwindigkeit auf 140 km/h begrenzte und die Maschinen blau lackierte.

Bis zum Ende ihres Dienstes fuhren sie überwiegend im Raum Nürnberg. 1968 wurden die Loks nach Hagen umgesetzt, und 1970 kehrten sie in einem schlechten Zustand nach Nürnberg zurück. Dank guter Pflege erzielten sie dort jedoch wieder höhere Laufleistungen.

119 011 schied 1975 nach einem Trafoschaden als erste aus dem Bestand aus. Bis 1978 folgten auch die drei anderen. Die E 19 12 der DB zeigt sich heute wieder in ihrem roten Anstrich im Verkehrsmuseum in Nürnberg.

Baureihe	**E 19^{0,1} (UIC DB: 119)**
Radsatzfolge	**1'Do1'**
Länge über Puffer	**16.920 mm**
Treibraddurchmesser	**1.600 mm**
Laufraddurchmesser	**1.100 mm**
Höchstgeschwindigkeit	**180, 140 (DB) km/h**
Stundenleistung	**4.000 / 4.080 kW***
Dauerleistung	**3.720 / 3.460 kW**
Dienstmasse	**113,0 / 110,7 t***
Radsatzfahrmasse	**20,2 / 20,4 t***
Stromsystem	**15 kV / 16,7 Hz ~**
Indienststellung	**1939–1940**
Museumsloks	**E 19 12**
E 19^{0} / E 19^{1}	

Baureihe $120^{0,1}$

Anfang der 1970er-Jahre begann dank neuer elektronischer Halbleiterelemente verstärkt die Entwicklung des Drehstromantriebs für Lokomotiven. Die DB entschied sich, diese Antriebstechnik weiterzuverfolgen, und vergab einen Auftrag für eine Universallokomotive mit Drehstrom-Asynchronmotoren. Sie sollten 700 Tonnen schwere Schnellzüge mit 160 km/h, 1.500 Tonnen schwere Schnellzüge mit 100 km/h, 2.200 Tonnen schwere Güterzüge mit 80 km/h und 5.400 Tonnen schwere Güterganzzüge in Doppeltraktion ebenfalls mit 80 km/h befördern können.

Im März 1977 bestellte die DB fünf Vorserienloks. 120 001 wurde im Mai 1979 ausgeliefert und erregte großes Aufsehen. Die Loks wurden zunächst in Dienstplänen anderer Baureihen eingesetzt, erhielten später dann aber eigene Pläne.

1984 bestellte die Bahn 60 Serienlokomotiven, die zwischen Januar 1987 und Dezember 1988 als Baureihe 120^1 nach Nürnberg geliefert wurden. Im März 1989 wurden die Prototypen in 752 001 bis 005 umgezeichnet und dienten als Erprobungsträger für den ICE. 752 001 wurde dafür auf eine Geschwindigkeit von 280 km/h zugelassen.

Ab August 1987 wurden die 120^1 im planmäßigen Dienst eingesetzt. Dabei kamen sie außer vor EC- und IC-Zügen auch vor Güterzügen zum Einsatz. Zu Beginn des Einsatzes gab es jedoch erhebliche Probleme, sodass zeitweise nur 60 % der Loks einsatzfähig waren.

1994 gingen alle an die Deutsche Bahn AG über. Einige wurden von DB Regio als 120 201 bis 208 im Nahverkehr genutzt.

Im Jahr 2020 stellte DB Fernverkehr seine Maschinen vollständig außer Dienst, und auch die Loks von DB Regio sind inzwischen aus dem Bestand verschwunden.

120 101 befindet sich heute zusammen mit 120 004 im DB Museum in Koblenz, während 120 003 im Bahnpark Augsburg und 120 005 als Leihgabe im Eisenbahnmuseum Weimar ausgestellt sind.

Baureihe	**$120^{0,1}$**
Radsatzfolge	**Bo'Bo'**
Länge über Puffer	**19.200 mm**
Raddurchmesser	**1.250 mm**
Höchstgeschwindigkeit	**200 km/h**
Stundenleistung	**5.600 kW**
Dauerleistung	**4.400 kW**
Dienstmasse	**83,2 t**
Radsatzfahrmasse	**21 t**
Stromsystem	**15 kV / 16,7 Hz ~**
Indienststellung	**1979–1980 / 1987–1989***
Museumsloks	**120 003, 004, 005, 101**
120^0 / 120^1	

Baureihe E 40, E 40^{11} (UIC DB: 139, 140)

Die Baureihe E 40 wurde von der Bundesbahn zur Beförderung von Güterzügen im Flachland und langsamen Reisezügen vorgesehen. Um den Unterhaltungsaufwand zu minimieren, hat sie die gleiche Grundausstattung und den gleichen Lokkasten wie die E 10. Die Getriebeübersetzung wurde zulasten der Höchstgeschwindigkeit an die Anforderungen schwererer Züge angepasst. So ist die E 40 nur für 100 km/h zugelassen.

Sie kann bei einer Steigung von 5 ‰ 1.400 Tonnen schwere Güterzüge mit einer Geschwindigkeit von 75 km/h befördern. Für Reisezüge mit einem Gewicht von 620 Tonnen war eine Geschwindigkeit von 100 km/h vorgesehen.

E 40 005 wurde als erste im Juni 1957 in Dienst gestellt. Insgesamt wurden knapp 880 Maschinen gebaut.

Der Lokkasten stützt sich über Schraubenfedern und Gummielemente auf zwei zweiachsige Drehgestelle ab. Vier 14-polige Wechselstrom-Reihenschlussmotoren dienen als Antrieb. Im Laufe der Zeit wurden zahlreiche Änderungen und Umbauten vorgenommen, die das äußere Erscheinungsbild beeinflussten.

Für den Einsatz auf Steilstrecken rüstete die Bundesbahn 31 Loks mit einer elektrischen Widerstandsbremse aus. Zur Unterscheidung wurde sie als E 40^{11}, ab 1968 als 139 bezeichnet. Es zeigte sich bald, dass die E 40 mit ihren 100 km/h nicht flexibel genug war, weshalb die Höchstgeschwindigkeit ohne konstruktive Änderungen auf 110 km/h angehoben wurde. Um ihre Flexibilität im Reisezugdienst weiter zu erhöhen, wurde einigen Maschinen eine Wendezugsteuerung eingebaut. Außerdem erhielten einige Loks eine Doppeltraktionssteuerung.

Im Jahr Ab 2024 waren die Baureihen E 40 und 140 vollständig aus dem Bestand der Deutschen Bahn AG verschwunden. Bei der DB blieben die betriebsfähigen E 40 128 und 140 423 in Koblenz-Lützel sowie die 140 844 im DDM erhalten.

Baureihe	E 40, E 40^{11} (UIC DB: 139,140)
Radsatzfolge	Bo'Bo'
Länge über Puffer	16.440 mm
Raddurchmesser	1.250 mm
Höchstgeschwindigkeit	100, später 110 km/h
Stundenleistung	3.700 kW
Dauerleistung	3.620 kW
Dienstmasse	83,0 / 76,0 t*
Radsatzfahrmasse	20,9 / 21,5 t*
Stromsystem	15 kV / 16,7 Hz ~
Indienststellung	1957–1973
Museumsloks	E 40 128, 140 423, 844
E 40 / E 40^{11}	

Baureihe E 41 (UIC DB: 141)

Die E 41 ist die kleinste und leichteste Baureihe im DB-Typenprogramm für Elektrolokomotiven. Mit einer Radsatzlast von nur 15 Tonnen war sie für den leichten Einsatz auf Neben- und Hauptbahnen konzipiert. Die Lok konnte bei 120 km/h Reisezüge mit einem Gewicht von bis zu 500 Tonnen auf Steigungen von 3 ‰ befördern. Für 1.000 Tonnen waren auf Steigungen von 5 ‰ noch 65 km/h vorgesehen. Der mechanische Teil stammte von Henschel, der elektrische von BBC.

E 41 001 wurde am 27. Juni 1956 in Dienst gestellt. 141 451 folgte als letzte im Februar 1970. An der Entwicklung waren Henschel und Krupp (Mechanik) sowie AEG, BBC und SSW (Elektrik) beteiligt. Bis zur E 41 024 wurden die Maschinen mit blauem Kasten lackiert, danach erhielten alle einen grünen Anstrich.

Die E 41 ist mit einem fremdbelüfteten Öltransformator ausgestattet. Die Niederspannungsschaltwerke steuern vier zehnpolige Reihenschlussmotoren mit Gummiringfederantrieb. 141 447 bis 141 451 haben eine elektrische Nutzbremse.

Die E 41 war auf nahezu allen elektrifizierten Strecken der Bundesbahn im Einsatz und wurde besonders im Wendezugdienst genutzt.

1987 begann in Nürnberg der Betrieb eines neuen S-Bahn-Netzes. Dafür bekamen 141 436 bis 141 442 eine »Zeitmultiplexe Wendezugsteuerung« und einen hellgrauen Kasten mit orangefarbener Bauchbinde.

Im Sommer 1988 startete die Bundesbahn die »WiesbadenCity«-Verbindungen zwischen Wiesbaden und Frankfurt (Main). Für diese Züge wurden 141 200, 230, 401 und 404 in orientroter Lackierung bereitgestellt.

Bereits 1987 wurden die ersten Loks aufgrund von Schäden ausgemustert. 141 400, 401, 402 und 439 wurden im Dezember 2006 von der Deutschen Bahn AG als letzte aus dem Betrieb genommen.

Die Museumslok E 41 001 erhielt 1997 wieder das Aussehen, das sie bei ihrer Ablieferung trug. Sie bleibt zusammen mit weiteren Exemplaren der Nachwelt erhalten.

Baureihe	**E 41 (UIC DB: 141)**
Radsatzfolge	**Bo'Bo'**
Länge über Puffer	**15.200 mm**
Raddurchmesser	**1.250 mm**
Höchstgeschwindigkeit	**120 km/h**
Stundenleistung	**2.400 kW**
Dauerleistung	**2.310 kW**
Dienstmasse	**67 t**
Radsatzfahrmasse	**16,8 t**
Stromsystem	**15 kV / 16,7 Hz ~**
Indienststellung	**1956–1970**
Museumsloks	**E 41 001, 011, 055, 083, 228, 248, 366, 401**

Baureihe E 42 (UIC DR: 242, DB AG: 142)

Ende der 1950er-Jahre benötigte die Deutsche Reichsbahn der DDR neue elektrische Lokomotiven. Zum einen war eine schnelle Lok für den Reisezugdienst erforderlich, zum anderen eine langsamere, vielseitig einsetzbare Maschine. Nachdem bereits die Baureihe E 11 (ab 1992: Baureihe 109) für den schnellen Reisezugdienst entwickelt worden war, bildete diese Baureihe die Grundlage für die Entwicklung der neuen Baureihe E 42. Die Konstruktion übernahm das VEB Kombinat Lokomotivbau-Elektrotechnische Werk »Hans Beimler« (LEW) in Hennigsdorf. Anfang 1963 wurden die beiden Vorserienloks an die Reichsbahn übergeben. Durch geänderte Radsatzgetriebe war bei der E 42 die Höchstgeschwindigkeit auf 100 km/h begrenzt.

Die Maschinen haben einen Aufbau in Stahlleichtbauweise, der mit dem Brückenrahmen verschweißt war. Zwölfpolige Einphasen-Reihenschlussmotoren in Tatzlagerbauart sorgen für den Vortrieb.

Die E 42 erwies sich schnell als ausgereifte und zuverlässige Konstruktion. Nach den beiden Vorserienloks begann die Serienproduktion, die 1976 mit der Auslieferung der 242 292 abgeschlossen wurde. Zwischen 1985 und 1991 wurden zusätzlich 22 Loks der Baureihe 211 in die Baureihe 242 umgebaut. Ab 1992 zählte die Reichsbahn noch 305 Exemplare der Baureihe 142 in ihrem Bestand. Kurz darauf begann jedoch die Ausmusterung, obwohl die Loks sich über Jahre hinweg als sehr zuverlässig erwiesen hatten.

1993 und 1994 wurden 18 Maschinen in die Schweiz verkauft. Später kehrten einige dieser Maschinen nach Deutschland zurück.

Die letzten planmäßigen Einsätze der Baureihe 142 bei der Deutschen Bahn AG fanden im Mai 1998 statt. Einige Maschinen wurden noch als Reserve vorgehalten, doch am 31. Juli 1998 wurden die letzten elf Loks ausgemustert.

Bei der DB sind E 42 002 in Chemnitz und E 42 255 in Halle museal erhalten.

Baureihe	**E 42 (UIC DR: 242, DB AG: 142)**
Radsatzfolge	**Bo'Bo'**
Länge über Puffer	**16.260 mm**
Raddurchmesser	**1.350 mm**
Höchstgeschwindigkeit	**100 km/h**
Stuendenleistung	**2.760 / 2.920 kW***
Dauerleistung	**2.600 / 2.740 kW***
Dienstmasse	**82,5 t**
Radsatzfahrmasse	**20,6 t**
Stromsystem	**15 kV / 16,7 Hz ~**
Indienststellung	**1963–1976**
Museumsloks	**E 42 002, 255**
*** E 42 001-002 / E 43 003 ff.**	

Baureihe 243 (DB AG: 143)

Nachdem die 140 km/h schnelle Lokomotive 212 001 der Reichsbahn der DDR in die nur 120 km/h schnelle 243 001 umgebaut worden war, absolvierte die Lok nochmals zahlreiche Mess- und Probefahrten Dabei erwies sich die Maschine als zuverlässig, und einer Serienproduktion stand nichts mehr im Weg.

Der Auftrag ging an das LEW Hennigsdorf, und im November 1984 begann mit 243 002 die Serienproduktion. Bis Dezember 1990 folgten insgesamt 646 Maschinen.

Die Loks waren die ersten Reichsbahn-Elloks mit Einholm-Stromabnehmern. Sie haben Hochspannungsschaltwerke mit Thyristorstellern. Darüber hinaus sind sie mit einer elektrischen Widerstandsbremse ausgestattet. Je nach Baulos sind Wendezug- oder Doppeltraktionssteuerungen verbaut. Besonders betont wurde bei der Konstruktion die ergonomische Gestaltung des klimatisierten Führerraums.

Die Maschinen wurden zunächst im Süden der DDR vor Reisezügen eingesetzt. Darunter waren auch die berühmten »Städte-Express«-Züge mit ihren orangefarbenen Wagen. Mitte der 1980er-Jahre wurden die ersten Maschinen in Berlin und Rostock beheimatet.

Anfang der 1990er-Jahre zeigte die Bundesbahn Interesse an der 243, weil die 140 und 141 bald ersetzt werden mussten. Sie mietete bis zu 150 der nun als 143 bezeichneten Maschinen an. Einige erhielten eine DB-Wendezugsteuerung und wurden im S-Bahn-Dienst eingesetzt. Diese Maschinen waren zweifarbig grau/orangefarben lackiert. Die restlichen Loks wurden im Regional- und Güterverkehr eingesetzt und blieben rot.

Trotz zahlreicher Ausmusterungen waren die verkehrsroten Loks der Baureihe 143 auch 2024 noch in einigen Regionen im Nah- und Regionalverkehr im Einsatz. Im Süden Deutschlands fanden keine planmäßigen Einsätze mehr statt.

Mit 243 002, 005, 117 gingen drei Exemplare in den Museumsbestand der DB AG über.

243 243 gehört noch DB Regio wir aber vom Lokschuppen Zinnowitz e. V. betreut.

Baureihe	**243 (DB AG: 143)**
Radsatzfolge	**Bo'Bo'**
Länge über Puffer	**16.640 mm**
Raddurchmesser	**1.250 mm**
Höchstgeschwindigkeit	**120 km/h**
Stundenleistung	**3.720 kW**
Dauerleistung	**3.540 kW**
Dienstmasse	**82 t**
Radsatzfahrmasse	**20 t**
Stromsystem	**15 kV / 16,7 Hz ~**
Indienststellung	**1984–1990**
Museumsloks	**243 002, 005, 117, 243**

Baureihe E 44, E 44^{W} (UIC DB: 144, 145; DR: 244)

Wegen der schwierigen wirtschaftlichen Lage in den 1920er-Jahren war es der Reichsbahn nicht möglich, neue Lokomotiven zu entwickeln oder zu beschaffen. Daher musste der elektrische Betrieb weiterhin mit veralteten Stangen-Elloks abgewickelt werden.

Um den Anschluss nicht zu verlieren, nahm die Industrie die Entwicklung neuer Fahrzeuge auf eigene Kosten in Angriff. Anfang der 1930er-Jahre entstanden die ersten laufachslosen Drehgestell-Elloks. Die E 44 001, E 44 501 und E 44 2001 wurden intensiven Tests unterzogen. Letztlich entschied sich die Reichsbahn für die E 44 001 und erteilte einen ersten Serienauftrag über 20 Maschinen. Diese Loks bewährten sich gut, und so bestellte die Reichsbahn weitere 190 Exemplare. Die Baureihe E 44 wurde als kriegswichtig eingestuft und bis 1945 zur E 44 175 weitergebaut.

Nach dem Krieg waren jedoch noch unvollständige Maschinen und zahlreiche Einzelteile vorhanden, die zur Fertigstellung weiterer Loks genutzt wurden. So kamen in den 1950er-Jahren E 44 181 bis 187 zur Bundesbahn. E 44 188 und 189 entstanden in den 1960er-Jahren aus E 244 11 und 22.

Ab 1943 wurden die Maschinen mit einer elektrischen Widerstandsbremse ausgestattet, was durch ein hochgestelltes »W« gekennzeichnet war. Sie wurden 1968 zur Baureihe 145, Loks ohne diese Bremse zur 144. E 44 184 bis 187 bekamen eine Wendezugsteuerung.

Am Ende des Krieges waren 50 E 44 in der sowjetisch besetzten Zone. Im September 1946 wurden 45 Loks in die UdSSR gebracht und auf das russische Maß von 1.524 mm umgespurt. 1952 kehrten 44 nach Deutschland zurück. Mit ihnen begann am 1. September 1955 bei der Reichsbahn erneut der elektrische Betrieb. Die letzten vier Loks schieden am 31. Dezember 1991 aus.

Heute sind bei der DB AG zehn Exemplare an unterschiedlichen Standorten museal erhalten.

Baureihe	**E 44, E 44^{W} (UIC DB: 144, 145; DR: 244)**
Radsatzfolge	**Bo'Bo'**
Länge über Puffer	**15.290 mm**
Raddurchmesser	**1.250 mm**
Höchstgeschwindigkeit	**90 km/h**
Stundenleistung	**2.120 / 2.200 kW***
Dauerleistung	**1.830 / 1.860 kW***
Dienstmasse	**78 t**
Radsatzfahrmasse	**19,5 t**
Stromsystem	**15 kV / 16,7 Hz ~**
Indienststellung	**1933–1955**
Museumsloks	**zehn Exemplare**
*** E 44 001 / E 44 002 ff.**	

Baureihe E 44⁵ (UIC DB: 144⁵)

Die Deutsche Reichsbahn entschied sich zudem, die vorbautenlose Variante der E 44 zu beschaffen. Der erste Auftrag von 1933 umfasste nach der E 44 501 die E 44 502 bis 505, gefolgt von E 44 506 bis 509, die 1934 und 1935 geliefert wurden.

Äußerlich unterscheiden sich die beiden Serien durch die seitliche Form des Rahmens. Technisch sind beide weitgehend identisch. Sie haben einen Tatzlagerantrieb mit schräg verzahntem Getriebe. E 44 506 bis 508 waren etwa 800 mm länger, um die stärkeren Fahrmotoren unterzubringen.

Die kurzen Vierachser wurden, wie schon vor dem Krieg, zwischen Freilassing und Berchtesgaden eingesetzt, kamen aber gelegentlich auch bis nach Salzburg.

Nach dem Zweiten Weltkrieg waren alle in Freilassing stationiert. Vom Sommer 1946 bis zum Frühjahr 1950 halfen E 44 503 und 504 in Garmisch-Partenkirchen aus. Aufgrund der kurvenreichen Strecken wurden die E 445 Mitte der 1950er-Jahre mit einer Spurkranzschmierung ausgestattet.

Im November 1960 wurde E 44 501 aufgrund ihrer abweichenden Konstruktion aus dem Dienst genommen. Sie wurde jedoch noch bis 1982 als Übungsobjekt zum Aufgleisen genutzt.

Im September 1966 wurden alle nach Rosenheim abgegeben, von wo sie im Mai 1968 – nun als Baureihe 144⁵ – nach Freilassing zurückkehrten. Dort blieben sie bis zu ihrer Ausmusterung. In den ersten Jahren wurden auch hochwertige Schnellzüge mit diesen Loks bespannt, doch ab den 1970er-Jahren wurden sie hauptsächlich vor Eil- und Güterzügen eingesetzt.

Die Beschaffung der Baureihe 111 führte schließlich zur Ausmusterung der 144⁵. 144 502, 504, 505 und 507 beendeten als letzte ihren Dienst im September 1983. 144 507 (Weimar) und 144 508 (Freilassing) sind als Museumsloks der DB AG zu finden.

Baureihe	**E 44⁵ (UIC DB: 144⁵)**
Radsatzfolge	**Bo'Bo'**
Länge über Puffer	**13.150 / 13.520 / 14.300 mm***
Raddurchmesser	**1.250 mm**
Höchstgeschwindigkeit	**80 km/h**
Stundenleistung	**1.600 / 1.600 / 2.200 kW***
Dauerleistung	**1.440 /1.430 / 2.000***
Dienstmasse	**79,2 /79,2 / 79,1 t***
Radsatzfahrmasse	**19,8 / 19,0 / 19,9 t***
Stromsystem	**15 kV / 16,7 Hz ~**
Indienststellung	**1931 / 1933 / 1934–1935***
Museumsloks	**E 44 507, 508**
*** E 44 501 / E 44 502-505 / E 44 506-509**	

Baureihe E 50 (UIC DB: 150)

Die sechsachsige E 50 war das größte und leistungsstärkste Modell der DB-Einheits-Elloks der 1950er-Jahre. Sie wurde entwickelt, um schwere Güterzüge mit bis zu 2.300 Tonnen auf einer 5-‰-Steigung mit 65 km/h zu ziehen. Zudem sollte sie Schnellzüge mit einem Gewicht von 600 Tonnen bei einer Steigung von 25 ‰ mit 75 km/h befördern können.

E 50 001 wurde als erste im April 1957 von der DB übernommen. Als letzte folgte im März 1973 die 150 194.

Die Mechanik kam von Krupp in Essen und Krauss-Maffei in München, während die Elektrik von AEG, SSW oder Siemens geliefert wurde.

Die Lokomotiven sind mit dreiachsigen Drehgestellen ausgestattet, in denen jeweils drei Fahrmotoren montiert sind. Anfangs waren die Spurkränze der mittleren Radsätze geschwächt, doch ab den 1980er-Jahren erhielten die Radsätze eine elastische Seitenbeweglichkeit. Während E 50 001 bis 025 mit einem beidseitigen Tatzlagerantrieb ausgestattet waren, wurde ab E 50 026 ein Gummiringfederantrieb verwendet. Außer der Druckluftbremse sind eine elektrische Widerstandsbremse und eine Zusatzbremse vorhanden. Im Laufe der Jahre wurden technische Anpassungen vorgenommen.

Die ersten Maschinen kamen ab 1957 von Würzburg aus mit Güterzügen nach Nürnberg und Aschaffenburg, ab 1958 auch nach Frankfurt (Main). Mit der Zeit verteilten sich die Maschinen auf mehrere Betriebswerke. Im März 1987 schied 150 069 nach einem Brand im Schaltwerk aus.

Ab 1993 begann die Bundesbahn mit der Abstellung der 150, weil durch die Reichsbahn-Baureihe 155 ein Überangebot an Güterzuglokomotiven entstand. 1994 gingen 168 Maschinen in den Bestand der Deutschen Bahn AG über. Ihre Einsatzzeit endete 1998 mit den neuen Drehstromloks der Baureihe 152. Die letzten 150 wurden Ende 2003 abgestellt.

E 50 091 und 150 186 stehen im Museum in Koblenz-Lützel.

Baureihe	**E 50 (UIC DB: 150)**
Radsatzfolge	**Co'Co'**
Länge über Puffer	**19.490 mm**
Raddurchmesser	**1.250 mm**
Höchstgeschwindigkeit	**100 km/h**
Stundenleistung	**4.500 kW**
Dauerleistung	**4.410 kW**
Dienstmasse	**128 t**
Radsatzfahrmasse	**21,4 t**
Stromsystem	**15 kV / 16,7 Hz ~**
Indienststellung	**1957–1973**
Museumsloks	**E 50 091, 150 186**

Baureihe 151

Ab 1968 wurden Überlegungen angestellt, die Baureihe 150 weiterzuentwickeln, um den steigenden Anforderungen im schweren und schnellen Güterverkehr gerecht zu werden.

Ende Oktober 1972 wurde die 151 001 von AEG und Krupp ausgeliefert. Bis 1977 hatte die Bundesbahn insgesamt 170 Maschinen dieser Baureihe beschafft. Aufgrund der deutlich schwereren Fahrmotoren war eine grundlegende Umkonstruktion der Drehgestelle und des Lokkastens notwendig. Die Drehgestelle wurden mit Lemniskatenlenkern zur Führung der Radsätze ausgestattet, und der Brückenträger erhielt eine Abstützung über Flexicoil-Federn ohne Drehzapfen. Der bewährte SSW-Gummiringfederantrieb wurde beibehalten.

Der Führerraum wurde besser gedämmt als bei der Baureihe 150 und mit einem Luftheizgerät ausgestattet. 151 089 bis 099 sowie 151 114 bis 122 erhielten eine automatische Kupplung.

Der Haupttransformator der Baureihe 103 dient als Basis für den der Baureihe 151. Sechs Wechselstrom-Reihenschlussmotoren sorgen für den Antrieb. Alle Loks der Baureihe 151 sind für Mehrfachtraktion und Wendezugbetrieb ausgelegt. Für den Einsatz auf Neubaustrecken erhielten einige Loks eine Linienzugbeeinflussung.

Die Auslieferung der Loks erfolgte ab 1972 nach Hagen-Eckesey und Nürnberg. Das Einsatzgebiet weitete sich schnell aus, und die Loks waren bald im gesamten Bundesbahn-Netz auf Langläufen unterwegs.

Ab Herbst 1976 wurden die Loks mit automatischer Kupplung vor allem im schweren Erzverkehr zwischen der Peine-Salzgitter AG und den Nordseehäfen in Nordenham und Hamburg genutzt, meist in Doppeltraktion.

1994 gingen die Loks in den Besitz der DB AG über. Ab den frühen 2020er-Jahren nahm der Einsatz drastisch ab. DB Cargo verkaufte zahlreiche Loks. Im Frühjahr 2022 waren noch etwa 40 Exemplare für DB Cargo im Einsatz. 2024 hatte die Deutsche Bahn AG keine eigenen Maschinen mehr, und die 151 121 wird als Museumslok in Koblenz-Lützel aufbewahrt.

Baureihe	**151**
Radsatzfolge	**Co'Co'**
Länge über Puffer	**19.490 mm**
Raddurchmesser	**1.250 mm**
Höchstgeschwindigkeit	**120 km/h**
Stundenleistung	**6.300 kW**
Dauerleitung	**5.982 kW**
Dienstmasse	**118 t**
Radsatzfahrmasse	**20 t**
Stromsystem	**15 kV / 16,7 Hz ~**
Indienststellung	**1972–1977**
Museumsloks	**151 121**

Baureihe E 52 (UIC DB: 152)

Die Baureihe E 52 wurde 1921 im Rahmen des Wechmann-Plans entwickelt und war für den Personenzugdienst in Bayern vorgesehen. Das Betriebsprogramm sah vor, dass die Loks 500 Tonnen mit einer Geschwindigkeit von 90 km/h befördern sollten.

Im August 1921 erfolgte die Ausschreibung, und es wurden 35 Exemplare als EP 2 21501 bis 535 bestellt. Die Lieferung erstreckte sich von 1924 bis 1926. 1926 erhielten die Maschinen die Nummern E 52 01 bis 35. Trotz ihres hohen Gewichts – die E 52 war die schwerste Einrahmen-Elektrolokomotive der Reichsbahn – erwies sich die Baureihe als robust und zuverlässig.

E 52 02 wurde im Juli 1944 nach einem Luftangriff auf München ausgemustert. Bis 1950 folgten noch fünf weitere Maschinen, die aufgrund von Kriegsschäden aus dem Betrieb genommen wurden.

Die Elektrifizierung des Großraums Stuttgart führte 1951/52 dazu, dass E 52-Loks beim Bw Stuttgart stationiert wurden. Um auch Personenzüge fahren zu können, erhielten diese Loks eine Hauptluftbehälterleitung.

Zwischen 1955 und 1958 wurden alle Maschinen im AW Freimann einer Aufarbeitung unterzogen. Dabei wurden unter anderem die Motoren mit Wälzlagern ausgestattet, die Fenster mit Gummirahmen abgedichtet und die Loks neu verkabelt.

Die Anlieferung neuer Baureihen verringerte ab den 1960er-Jahren die Einsatzmöglichkeiten. Wegen der erst kürzlich erfolgten Überholung wurde eine schnelle Ausmusterung vermieden. Kaiserslautern, das als Auslauf-Bw festgelegt wurde, erreichte 1968 mit 17 betriebsfähigen E 52 seinen höchsten Bestand.

Ab Juli 1966 erhielten die Loks keine Hauptuntersuchungen mehr. Ab Januar 1968 wurde die E 52 dann offiziell als Baureihe 152 bezeichnet. 152 014 stand als letzte bis August 1972 im Einsatz.

Als Museumslok blieb E 52 34 erhalten. Sie ist in ihrer braunen Originallackierung und mit bayerischer Beschriftung im Museum in Nürnberg ausgestellt.

Baureihe	**E 52 (UIC DB: 152)**
Radsatzfolge	**2'BB2'**
Länge über Puffer	**17.210 mm**
Treibraddurchmesser	**1.400 mm**
Laufraddurchmesser	**850 mm**
Höchstgeschwindigkeit	**90 km/h**
Stundenleistung	**2.200 kW**
Dauerleistung	**1.660 kW**
Dienstmasse	**140 t**
Radsatzfahrmasse	**19,6 t**
Stromsystem	**15 kV / 16,7 Hz ~**
Indienststellung	**1924–1926**
Museumsloks	**E 52 34**

Baureihe 250 (DB AG: 155)

Ende der 1960er-Jahre plante die Deutsche Reichsbahn der DDR eine Elektrolok für schwere Güterzüge. Die Sechsachser sollten einen 3.000 t schweren Zug in der Ebene mit 95 km/h ziehen können. Weil die Loks auch Schnellzüge im sächsischen und thüringischen Hügelland befördern sollten, war eine Höchstgeschwindigkeit von 120 km/h vorgesehen.

Die schnelle Entwicklung neuer elektronischer Bauteile führte zur Neukonstruktion der Lokomotive. Beim elektrischen Teil setzte man jedoch auf bewährte Technik, um schnell in größeren Stückzahlen produzieren zu können. 1974 lieferte der VEB Lokomotivbau »Hans Beimler« (LEW) in Hennigsdorf die Prototypen 250 001 bis 003 aus.

LEW verwendete erstmals den Kegelringfederantrieb, um das Siemens-Patent des Gummiringfederantriebs zu umgehen. Das Laufwerk besteht aus zwei Triebdrehgestellen mit jeweils drei angetriebenen Radsätzen. Eine Hochspannungssteuerung mit Stufenwähler und Thyristorsteller regelt die sechs Tatzlagermotoren.

Nach der Anlieferung testeten Ingenieure die Prototypen gründlich. Mit kleinen Änderungen startete 1977 dann mit 250 004 die Serienproduktion. Im Oktober 1984 ging mit 250 273 das letzte Exemplar an die Reichsbahn.

In den 1980er-Jahren verloren viele Loks ihren Einsatz bei der DR, weil dort der Güterverkehr zunehmend auf die Straße verlagert wurde. Einige kamen zur Deutschen Bundesbahn. 1994 übernahm die Deutsche Bahn AG die Loks und setzte sie zunächst weiterhin ein. Sie waren von Seddin aus in ganz Deutschland unterwegs und bespannten in den 1990er-Jahren sogar noch Reisezüge. Ab 2010 stellte die Bahn die Hauptuntersuchungen ein und nahm die Loks außer Betrieb. 2024 waren bei der DB AG nur 155 040 und 265 im Bestand. Beide wurden jedoch inzwischen zerlegt.

Der erste Prototyp, die 155 001, wurde am 3. April 2006 ausgemustert und ist nun im DB-Museum in Halle zu sehen. Eine weitere Museumslok ist 155 250 in Weimar.

Baureihe	**250 (DB AG: 155)**
Radsatzfolge	**Co'Co'**
Länge über Puffer	**19.600 mm**
Raddurchmesser	**1.250 mm**
Höchstgeschwindigkeit	**125 km/h**
Stundenleistung	**5.400 kW**
Dauerleistung	**5.100 kW**
Dienstmasse	**123 t**
Radsatzfahrmasse	**20,5 t**
Stromsystem	**15 kV / 16,7 Hz ~**
Indienststellung	**1974–1984**
Museumsloks	**155 001, 250**

Baureihe E 60 (UIC DB: 160)

In den frühen 1920er-Jahren elektrifizierte die Reichsbahn wichtige Strecken in Bayern. Dies führte auch zur Beschaffung elektrischer Rangierlokomotiven. Die Gruppenverwaltung Bayern bestellte 1926 die E 60 01 und 02. Bis 1934 kamen zwölf weitere Exemplare hinzu. Die ersten zwölf Maschinen baute die AEG in Berlin, die auch die Fahrzeugteile für die E 60 13 und 14 lieferte. Der elektrische Teil dieser beiden Loks stammte jedoch von Siemens-Schuckert.

Aus Kostengründen bekamen die E 60 unter anderem das gleiche Fahrgestell und die gleichen Fahrmotoren wie die E 91^{0}. Das bedeutete drei Treibachsen und den Schrägstangenantrieb der Bauart Winterthur. Aus Gewichtsgründen wurde zusätzlich ein Laufradsatz eingebaut. Der Aufbau der Loks bestand aus einem kurzen Vorbau, dem Führerraum und einem langen Vorbau.

Nach dem Zweiten Weltkrieg waren alle 14 Maschinen in Bayern stationiert, darunter in Freilassing, Garmisch, München, Rosenheim und Treuchtlingen. Ab 1950 erhielten einige Loks Rangierfunk, und die Stromabnehmer mit zwei Schleifleisten wurden gegen solche mit nur einer Schleifleiste getauscht.

Ende der 1950er-Jahre entschloss sich die Bundesbahn, die E 60 einer umfangreichen Modernisierung zu unterziehen. Bühnen an den Stirnseiten erleichterten nun das Rangieren, und zusätzliche Fenster verbesserten die Sicht des Lokführers. Zudem wurde die elektrische Ausrüstung größtenteils erneuert und verbessert. Besonders auffällig war die Umstellung der Lackierung von Grün auf Rot.

Mitte der 1960er-Jahre wurden vier E 60 für Rangieraufgaben in Heidelberg eingesetzt. Anfang der 1970er-Jahre kamen noch zwei weitere nach Heidelberg, eine nach Karlsruhe und eine nach Mannheim, eine weitere Lok diente als Reserve. 1977 wurde E 60 06 als erste abgestellt. E 60 12 schied 1983 wegen eines Treibstangenbruchs als letzte ihrer Baureihe aus dem Dienst aus. Die E 60 10 ging in den Museumsbestand der Bundesbahn über.

Baureihe	E 60 (UIC DB: 160)
Radsatzfolge	1'C
Länge über Puffer	11.100 mm
Treibraddurchmesser	1.250 mm
Laufraddurchmesser	850 mm
Höchstgeschwindigkeit	55 km/h
Stundenleistung	1.074 kW
Dauerleistung	830 kW
Dienstmasse	72,5 t
Radsatzfahrmasse	19,3 t
Stromsystem	15 kV / 16,7 Hz ~
Indienststellung	1927–1934
Museumsloks	E 60 10

Baureihe E 63 (UIC DB: 163)

In der Mitte der 1930er-Jahre benötigte die Deutsche Reichsbahn weitere elektrische Verschublokomotiven. Sie beschaffte ab 1935 die E 63 als Nachfolgerin der E 60.

Die neue Lok sollte eine geringere Radsatzlast und gleichzeitig mehr Leistung bieten. Der technische Fortschritt hatte zur Gewichtseinsparung beigetragen, sodass die Loks ohne Laufradsatz auskamen. Ansonsten übernahm man unverändert die Radsätze und den Stangenantrieb der E 60.

1934 gab die Reichsbahn Bestellungen für sieben Maschinen auf: vier bei AEG (E 63 01 bis 04) und drei bei Krauss-Maffei (Fahrzeugteil) bzw. BBC (elektrischer Teil) (E 63 05 bis 07). Diese beiden Baulose unterschieden sich sowohl in der Form als auch in der elektrischen Ausstattung voneinander. Weitere Maschinen waren im Rahmen der Elektrifizierung der Strecke Nürnberg – Leipzig – Berlin geplant. Doch nach der Stornierung eines Auftrags von 1937 über acht Maschinen wurde 1940 noch die E 63 08 geliefert.

Nach dem Zweiten Weltkrieg waren die E 63 vor allem in Garmisch, München und Stuttgart stationiert, ab 1951 auch in Augsburg. In Garmisch endete der Einsatz 1958. 1959 ersetzten neue V 60 die E 63 in München. Danach waren die Loks hauptsächlich in Stuttgart (E 63 01 bis 04 und 08) und Augsburg (E 63 05 bis 07) im Einsatz. In den frühen 1960er-Jahren unterzog die Bundesbahn die Loks einer Grundüberholung. Dabei wurden Triebwerk, Lokkasten und elektrische Ausrüstung komplett erneuert. Mehr Fenster sorgten für eine bessere Streckensicht, und neue Stirnbühnen erleichterten die Arbeit des Rangierpersonals.

Zum 1. Januar 1968 änderte sich die Bezeichnung in 163. Ab 1976 schieden die Loks aus dem Betriebsbestand aus, und 1979 quittierte 163 002 als letzte den Dienst.

E 63 001 ging als Denkmal nach Stuttgart, E 63 05 kam in den Bahnpark Augsburg, und E 63 08 wurde in die Eisenbahnerlebniswelt in Horb überführt.

Baureihe	**E 63 (DB: 163)**
Radsatzfolge	**C**
Länge über Puffer	**10.200 mm**
Raddurchmesser	**1.250 mm**
Höchstgeschwindigkeit	**45 / 50 km/h***
Dauerleistung	**725 / 710 kW***
Stundenleistung	**667 / 650 kW***
Dienstmasse	**53,1 / 51,4 t***
Radsatzfahrmasse	**17,7 / 17,4 t**
Stromsystem	**15 kV / 16,7 Hz ~**
Indienststellung	**1935–1940**
Museumsloks	**E 63 01, 05, 08**
*** E 61 01-04, 08 / E 63 05-07**	

Baureihe E 69 (UIC DB: 169)

Die Geschichte der fünf Maschinen der Baureihe E 69 ist eng mit der Nebenbahn zwischen Murnau und Oberammergau verbunden. Auf Vorschlag von Siemens entschied sich die Lokalbahn AG München (LAG), die Strecke mit Einphasen-Wechselstrom von 5.500 V/16 Hz zu betreiben.

Für den Güterverkehr bestellte sie 1905 eine Elektrolok mit Mittelführerstand und Tatzlagermotoren. Wegen der engen Radien wurden zwei Lenkradsätze eingebaut.

Wegen steigender Zuglasten beschaffte die LAG 1909 eine zweite Lok, und im Jahr darauf folgte die LAG 3.

Als die LAG 1 und LAG 2 am 2. Juni 1921 bei einem Zusammenstoß schwer beschädigt wurden, musste schnell Ersatz beschafft werden. Siemens bot der LAG eine ungewöhnliche Lok an. Die LAG 4 war eine umgebaute Drehstrom-Versuchslok von 1903.

1929 bestellte die LAG bei Maffei und Siemens als Ersatz für die störanfällige LAG 4 die LAG 5. Sie war die stärkste der Reihe und vor allem für den Güterverkehr vorgesehen.

Nach der Verstaatlichung der LAG am 1. August 1938 kamen die Loks als E 69 01 bis 05 zur Reichsbahn.

Bis zur Umstellung der Stromversorgung auf 15 kV/16⅔ Hz im Herbst 1954 waren die Loks weiterhin auf ihrer Stammstrecke im Einsatz. Außer E 69 01 wurden die Loks entsprechend umgerüstet. E 69 01 wurde jedoch nicht verschrottet, sondern als Denkmal im AW München-Freimann aufgestellt.

1968 erhielten sie die EDV-gerechte Bezeichnung 169. 169 004 wurde im April 1977 ausgemustert und fand 1978 einen Platz vor dem Bundesbahn-Zentralamt in München. 1997 kehrte sie als Denkmal nach Murnau zurück. 1981 endete der Plandienst der übrigen Loks. Die 169 005 wurde 1982 an den Bayerischen Localbahn-Verein verkauft. Die 169 002 und 003 kamen in das Nürnberger Verkehrsmuseum. 169 003 ist heute noch betriebsfähig und steht in Koblenz-Lützel.

Baureihe	E 69 (UIC DB: 169)
Radsatzfolge	B
Länge über Puffer	7.350 mm
Raddurchmesser	1.000 mm
Höchstgeschwindigkeit	50 km/h
Stundenleistung	352 kW
Dauerleistung	306 kW
Dienstmasse	26 t
Radsatzfahrmasse	13 t
Stromsystem	15 kV / 16,7 Hz ~
Indienststellung	1909, 1912
Museumsloks	E 69 02, 03

Baureihe E 71[1]

Für den Güterzugdienst auf den elektrifizierten Strecken Mitteldeutschlands bestellten die Preußischen Staatsbahnen 1912 bei AEG eine Serie von 18 Güterzuglokomotiven. Diese Maschinen brachten einige technische Neuerungen mit. Die Bahn entschied sich für zwei kurzgekuppelte Triebdrehgestelle, in denen die Fahrmotoren gelagert waren und über eine Vorgelege-Blindwelle und Schlitzkuppelstangen auf die Kuppelradsätze wirkten. Der Lokkasten mit den Führerständen und dem Haupttransformator war auf einem Brückenrahmen aufgebaut.

Noch vor Auslieferung der EG 511 wurde die Bestellung auf 27 Maschinen erhöht. Bis Juli 1914 folgten die EG 512 und 513. Dann unterbrach der Erste Weltkrieg die Produktion. Nach Kriegsende begann man wieder mit der Fertigung. Die ersten drei Maschinen brachten zwar gute Betriebserfahrungen, jedoch wurden die Führerstände als zu eng kritisiert. Die Nachkriegsmaschinen wurden deshalb um 400 mm verlängert.

Nach der Wiederelektrifizierung der mitteldeutschen Strecken fanden die Loks ab 1923 dort ihr Aufgabengebiet. Ein Teil der Maschinen wurde auf der badischen Wiesen- und Wehratalbahn eingesetzt. Ab 1927 wurden sie als E 71 11 bis 37 bezeichnet.

Ab 1931 wurde bei einigen E 71 die Höchstgeschwindigkeit auf 65 km/h heraufgesetzt und eine elektrische Zugheizung eingebaut. In Mitteldeutschland mussten die E 71 bis 1945 den Dienst größtenteils einstellen. 1946 wurde E 71 30 von den Sowjets abtransportiert. Nach ihrer Rückkehr im August 1952 wurde sie nur äußerlich aufgearbeitet. Sie steht seit April 1962 im Verkehrsmuseum Dresden.

Die Bundesbahn übernahm neun E 71. Sie fuhren bis 1957 auf ihrer badischen Stammstrecke. Am 4. August 1959 wurde E 71 28 als letzte ausgemustert. Sie blieb erhalten, ebenso wie E 71 19, die heute in Koblenz-Lützel steht.

Baureihe	**E 71[1]**
Radsatzfolge	**Bo'Bo'**
Länge über Puffer	**11.200 / 11.600 mm***
Raddurchmesser	**1.350 mm**
Höchstgeschwindigkeit	**50 / 65 km/h****
Stundenleistung	**785 / 780 kW****
Dauerleistung	**592 / 590 kW****
Dienstmasse	**64,9 t**
Radsatzfahrmasse	**16,9 t**
Stromsystem	**15 kV / 16,7 Hz ~**
Indienststellung	**1914–1921**
Museumsloks	**E 71 19**
***E 71 11-13, E 71 12 ff., ** nach Umbau**	

Baureihe E 251 (UIC DR: 251, DB AG: 171)

Die Rübelandbahn von Blankenburg (Harz) nach Königshütte war für die Deutsche Reichsbahn der DDR von besonderer Bedeutung. Die 23,2 km lange Gebirgsbahn zählt mit Steigungen von bis zu 61 ‰ zu den steilsten Bahnstrecken Deutschlands. Aufgrund des hohen Transportaufkommens der Kalkwerke in Rübeland und Elbingerode entschloss sich die Reichsbahn in den frühen 1960er-Jahren, die Strecke zu elektrifizieren. Da absehbar war, dass die Bahnlinie ein Inselbetrieb bleiben würde, fiel 1960 die Entscheidung für eine kostengünstige Elektrifizierung mit Einphasen-Wechselstrom mit 25 kV und 50 Hz.

Bereits 1961 baute der VEB Lokomotivbau – Elektrotechnische Werke »Hans Beimler« (LEW) in Hennigsdorf auf eigene Kosten zwei Versuchslokomotiven. Diese bildeten die Grundlage für die Bestellung von 15 weiteren sechsachsigen Maschinen mit einer Leistung von 3.660 kW, die jedoch aufgrund fehlender Baugruppen erst 1965 ausgeliefert werden konnten.

Die E 251 ist eine Schweißkonstruktion in selbsttragender Bauweise. Die sechs Radsätze werden mit schräg verzahnten Tatzlagerantrieben angetrieben. Eine elektrische Widerstandsbremse ergänzt die Druckluftbremse.

Im Dezember 1965 übernahmen die Loks den Güterverkehr und ab August 1966 auch den Reisezugverkehr auf der Rübelandbahn. Bis Ende 2004 waren sie das Rückgrat der Zugförderung zwischen Blankenburg und Königshütte.

Im Frühjahr 2004 übernahm die Havelländische Eisenbahn AG (HVLE) den Betrieb auf der Strecke. Der elektrische Betrieb wurde zunächst eingestellt, und die Baureihe 171 wurde ausgemustert. Einige Loks wurden verschrottet, während 171 008 nach Bulgarien verkauft werden konnte. 251 001 und 251 002 blieben als technische Denkmäler in Blankenburg erhalten. 251 012 gehört zum DB Museum in Nürnberg und steht als Dauerleihgabe bei den Thüringer Eisenbahnfreunden in Weimar.

Baureihe	**E 251 (UIC DR: 251, DB AG: 171)**
Radsatzfolge	**Co'Co'**
Länge über Puffer	**18.640 mm**
Raddurchmesser	**1.350 mm**
Höchstgeschwindigkeit	**80 km/h**
Stundenleistung	**3.660 kW**
Dauerleistung	**3.300 kW**
Dienstmasse	**126 t**
Radsatzfahrmasse	**21 t**
Stromsystem	**25 kV / 50 Hz ~**
Indienststellung	**1965**
Museumsloks	**E 251 001, 002, 012**

Baureihe E 75 (UIC DB: 175)

Die Baureihe E 77 kämpfte aufgrund ihres dreiteiligen Aufbaus mit einer schlechten Laufruhe. Deshalb forderte die Reichsbahn für weitere Aufträge eine Überarbeitung. Es entstand die E 75 mit gleicher Radsatzfolge, jedoch mit einteiligem Kasten. Die Neukonstruktion umfasste einen durchgehenden Aufbau und Bissel-Lenkgestelle. Ansonsten übernahm man die elektrische Ausrüstung und den Antrieb der E 77.

1927/28 wurden in zwei Aufträgen insgesamt 23 Lokomotiven bestellt, später kamen acht weitere hinzu. Zwölf Maschinen gingen nach Bayern (E 75 01 bis 12), 19 Lokomotiven waren für Mitteldeutschland bestimmt (E 75 51 bis 69). Die Auslieferung der bayerischen Lokomotiven erfolgte zwischen Oktober 1928 und März 1929, die mitteldeutschen wurden zwischen Dezember 1928 und Oktober 1931 geliefert.

Nach dem Zweiten Weltkrieg übernahm die Bundesbahn 22 E 75. Diese waren ab 1946 in Rosenheim und ab 1948 in Freilassing beheimatet. Der größte Bestand befand sich im Bw München Ost. 1958/59 gingen die Lokomotiven aus Freilassing und München an das Bw Rosenheim. 1963 gab Rosenheim alle Maschinen an Ingolstadt ab.

1960/61 wurden E 75 09, 55 und 69 einer Grundüberholung unterzogen. Dabei ersetzte man sämtliche Kabelstränge, vergrößerte die Stirnfenster und montierte die Leuchten fest an die Stirnwände.

Ab Mitte der 1960er-Jahre ersetzte die Bundesbahn die E 75 durch die E 44. Im März 1965 konzentrierte sich der gesamte Bestand in Treuchtlingen. Im Mai 1968 kehrten die Loks, die ab Anfang 1968 als Baureihe 175 bezeichnet wurden, nach Ingolstadt zurück. Zwischen 1964 und 1972 wurden die Maschinen nach und nach ausgemustert. 175 004 war bis Februar 1972 als letzte im Einsatz.

175 059 wurde als Museumslok aufgearbeitet und als »E 75 09« auf den Jubiläums-Paraden 1985 in Nürnberg gezeigt. Nach einem Motorschaden wurde sie abgestellt.

Baureihe	**E 75 (UIC DB: 175)**
Radsatzfolge	**1'BB1'**
Länge über Puffer	**15.380 mm**
Treibraddurchmesser	**1.400 mm**
Laufraddurchmesser	**1.000 mm**
Höchstgeschwindigkeit	**70 km/h**
Stundenleistung	**1.880 kW**
Dauerleitung	**1.600 kW**
Dienstmasse	**106,2 t**
Radsatzfahrmasse	**19,7 t**
Stromsystem	**15 kV / 16,7 Hz ~**
Indienststellung	**1928–1931**
Museumsloks	**E 75 59 (als E 75 09)**

Baureihe E 77

Um Kosten zu sparen, begann die Reichsbahn Anfang der 1920er-Jahre ein Beschaffungsprogramm für Elektroloks, das auf möglichst vereinheitlichten Bauteilen basieren sollte. 1922 bestellte sie in diesem Rahmen 37 Lokomotiven der Baureihe E 77 für den Personenzug- und leichten Güterzugdienst. 1924 wurde der Auftrag um 19 Loks erweitert. Den Bau übernahmen die Berliner Maschinenbau AG, die Linke-Hofmann-Werke in Breslau und Krauss in München, während die elektrische Ausrüstung von der Liefergemeinschaft BMS (Bergmann und Maffei-Schwartzkopff) stammte. Im Herbst 1924 wurden die ersten Loks ausgeliefert. Bis Oktober 1926 waren in Mitteldeutschland die EG 701 bis 725 und in Bayern die Maschinen EG 3 22001 bis 22031 im Einsatz. Im Reichsbahnsystem erhielten die bayerischen Loks 1926/27 die Nummern E 77 01 bis 31, die preußischen die Nummern E 77 51 bis 75.

Die E 77 war eine Gelenklokomotive mit zwei Triebdrehgestellen und einer mittigen Transformatorbrücke. Je ein Motor übertrug seine Leistung über ein Vorgelege auf eine Blindwelle, die mit einem Winterthurer Schrägstangenantrieb auf die beiden Kuppelradsätze wirkte. Jedes Triebdrehgestell hatte zusätzlich einen Laufradsatz. Schon bald zeigten sich im oberen Geschwindigkeitsbereich unzureichende Laufeigenschaften. Deshalb wurden bis Mitte 1928 alle Loks umgebaut. Doch dies brachte nicht den gewünschten Erfolg. Ab 1930 wurden die E 77 daher hauptsächlich vor Güterzügen eingesetzt.

Im Zweiten Weltkrieg gingen fünf Maschinen außer Dienst. Mit dem Ende des elektrischen Betriebs im März 1946 in der sowjetisch besetzten Zone endete der Einsatz der E 77. Insgesamt 41 Loks wurden als Beutegut in die UdSSR überführt. Bis auf E 77 05, 58 und 75 kamen alle 1952/53 zurück. 1959/60 ließ die DR zehn Loks aufarbeiten. Doch bis 1966 wurden alle ausgemustert. Lediglich die E 77 10 blieb als betriebsfähige Lok erhalten. Sie hat ihre Heimat in Halle.

Baureihe	E 77
Radsatzfolge	(1B)(B1), ab 1928: (1'B)(B1')
Länge über Puffer	16.250 mm
Treibraddurchmesser	1.400 mm
Laufraddurchmesser	1.000 mm
Höchstgeschwindigkeit	65 km/h
Stundenleistung	1.880 kW
Dauerleistung	1.600 kW
Dienstmasse	113 t
Radsatzfahrmasse	19,8 t
Stromsystem	15 kV / 16,7 Hz ~
Indienststellung	1925–1926
Museumsloks	E 77 10

Baureihe 230 (DB AG: 180)

Seit 1991 können Züge zwischen dem deutschen Bad Schandau und dem tschechischen Děčín hl. n. durchgehend mit Elektroloks fahren. Die Loks müssen dazu in der Lage sein, die unterschiedlichen Stromsysteme beider Länder nutzen zu können. Deshalb beschaffte die Deutsche Reichsbahn der DDR die Baureihe 230.

Das Lastenheft forderte, dass die Loks Schnellzüge mit einem Gewicht von 600 t bei 100 bis 120 km/h auf einer Strecke mit 3 ‰ Steigung befördern sollten. Mit Güterzügen eines Gewichts von 1.400 t bis 1.800 t sollte bei gleicher Steigung eine Geschwindigkeit von 50 bis 60 km/h erreicht werden.

DR und ČSD beauftragten Škoda mit der Konstruktion eines gemeinsamen Loktyps. Beim mechanischen Teil griff Škoda auf die bewährten Konstruktionen der tschechischen Baureihen 69E, 70E und 71E zurück.

230 001 wurde als erste Lok Ende Februar 1988 in Dresden in Betrieb genommen. Bis April 1991 folgten weitere 19 Maschinen.

Jedes Drehgestell ist mit zwei Speichenradsätzen und zweistufiger Federung ausgestattet. Die Fahrmotoren sind an den Drehgestellen montiert und über Gelenkwellen und Getriebe mit den Radsätzen verbunden. Der Lokkasten und der Grundrahmen bilden eine tragende Einheit. Der Transformator befindet sich unterhalb des Bodenniveaus zwischen den Drehgestellen. Ab Juni 1991 übernahmen die Loks einen Großteil des Zugverkehrs zwischen Berlin, Leipzig, Dresden und Prag. Sie bespannten sowohl Schnellzüge als auch Güterzüge. Ab dem Fahrplan 1992/1993 wurden sie auch bis Warschau eingesetzt. Ab 2004 verdrängten die neuen Mehrsystemloks der Baureihe 189 die 180 aus ihren Einsätzen. Eine verunfallte ČD-Lok wurde 2003 durch die 180 001 ersetzt und von der ČD als 371 201 übernommen.

Bis Mitte der 2010er-Jahre stellte DB Cargo die 180 vollständig außer Dienst. Nur 180 014 blieb als Museumslok erhalten. Sie steht heute beim Thüringer Eisenbahnverein e.V. in Weimar.

Baureihe	**230 (DB AG: 180)**
Radsatzfolge	**Bo'Bo'**
Länge über Puffer	**16.800 mm**
Raddurchmesser	**1.250 mm**
Höchstgeschwindigkeit	**120 km/h**
Stundenleistung	**3.260 kW**
Dauerleistung	**3.080 kW**
Dienstmasse	**84 t**
Radsatzfahrmasse	**21 t**
Stromsystem	**15 kV / 16,7 Hz ~, 3 kV=**
Indienststellung	**1988–1991**
Museumsloks	**180 014**

Baureihe E 310 (UIC DB: $181^{0,1}$)

In den 1960er-Jahren machte die Halbleitertechnologie große Fortschritte, und die Bundesbahn entschloss sich, Mehrsystem-Versuchsmaschinen auf dieser Basis zu beschaffen. Aus den Erfahrungen mit den drei E 320 (182) entstanden die E 310 (Zweisystem) und E 410 (Viersystem). Diese Lokomotiven wurden Ende 1964 als Prototypen bestellt.

AEG lieferte die elektrische Ausrüstung, in der erstmals steuerbare Thyristoren zum Einsatz kamen. Diese ermöglichten eine stufenlose Regelung der Fahrmotoren. Der mechanische Teil wurde von Krupp gefertigt. Das Betriebsprogramm sah vor, Schnellzüge mit bis zu 600 Tonnen Gewicht mit 150 km/h in der Ebene zu befördern sowie Güterzüge von bis zu 2.000 Tonnen mit 60 km/h.

Ab dem 1. Januar 1968 erhielten die Lokomotiven die EDV-gerechte Bezeichnung 181. Die 181 003 und 181 004 wurden 1969 in 181 103 und 104 umnummeriert, weil sie über eine elektrische Nutzbremse verfügten, die Bremsenergie ins Fahrleitungsnetz zurückspeisen konnte.

Nach umfangreichen Tests kamen die E 310 nach Frankreich zum Einsatz. Sie wurden in Saarbrücken stationiert und auch vor Erzzügen aus Lothringen eingesetzt. Im Reisezugdienst beförderten sie ab 1968 internationale Schnellzüge zwischen Metz und Frankfurt (Main). Mit der Einführung der Baureihe 181^2 verloren sie ihre hochwertigen Reisezugleistungen. In den 1970er-Jahren nutzte das BZA München die 181 103 und 181 104 für Messfahrten. In den 1980er-Jahren fuhren die Loks im Nahgüterzugdienst rund um Saarbrücken. Die letzten Einsätze im Reiseverkehr beschränkten sich auf Nahverkehrszüge und französische Militärzüge. Aufgrund größerer Schäden wurden 181 002 (1988), 181 103 (1984) und 181 104 (1993) aus dem Dienst genommen.

Die letzte verbliebene Lokomotive, 181 001, ging 1994 an die DB AG. Sie war die einzige Lok, die 1983 ozeanblau-beige lackiert wurde. Heute steht sie in Koblenz-Lützel.

Baureihe	**E 310 (UIC DB: $181^{0,1}$)**
Radsatzfolge	**Bo'Bo'**
Länge über Puffer	**16.950 mm**
Raddurchmesser	**1.250 mm**
Höchstgeschwindigkeit	**150 km/h**
Stundenleistung	**3.240 kW**
Dauerleistung	**3.000 kW**
Dienstmasse	**84 t**
Radsatzfahrmasse	**21 t**
Stromsystem	**15 kV / 16,7 Hz ~, 25 kV / 50 Hz ~**
Indienststellung	**1967**
Museumsloks	**181 001**

Baureihe 181²

1973 elektrifizierte die Deutsche Bundesbahn die Moselstrecke zwischen Koblenz, Trier und Apach. Diese Maßnahme schuf eine Verbindung zwischen den Netzen von Luxemburg, Frankreich und Deutschland. Um durchgehende Züge mit Elektrolokomotiven einzusetzen, wurden Zweisystemmaschinen benötigt, die sowohl mit 16 ²/₃ Hz/15 kV als auch mit 50 Hz/25 kV betrieben werden konnten.

Auf Grundlage der Erfahrungen mit den Baureihen E 310 und E 410 entwickelten Krupp und AEG eine neue Lokomotive. Ihr Rahmen ist tragend und mit leichten, abnehmbaren Hauben abgedeckt. Nur die Führerstände sind fest mit dem Rahmen verbunden. Die geringe Bauhöhe der Loks ermöglichte es, dass sie auch den ausländischen Lichtraumprofilen entsprachen. Besonders auffällig ist das Design der Lüfter und Maschinenraumfenster, die in die Dachrundung übergehen und den Loks ein markantes Aussehen verleihen.

Die Loks wurden in Saarbrücken stationiert und von dort aus auf der Strecke nach Koblenz sowie grenzüberschreitend eingesetzt. Sie beförderten sowohl IC-/EC-Züge als auch schwere Güterzüge. Mit der Zeit nahmen die Güterzugleistungen ab, sodass die Loks zunehmend im Reisezugdienst eingesetzt wurden. Sie verkehrten auf Strecken nach Frankfurt (Main), Straßburg und Stuttgart sowie vor Eil- und Nahverkehrszügen im Großraum Saarbrücken.

Alle 25 Maschinen kamen 1994 in den Bestand der Deutschen Bahn AG. In den letzten Jahren verlor die Baureihe 181² jedoch zunehmend ihre Einsatzgebiete. Mitte 2020 waren nur noch 181 205, 211 und 218 buchmäßig im Bestand, sie wurden jedoch nicht mehr eingesetzt. Ende 2021 fanden sich nur noch 181 205 und 218 in den Bestandslisten. Sie waren beim Stillstandsmanagement in Leipzig-Engelsdorf abgestellt. Ende November 2022 wurden sie dann verkauft. 181 201 und 206 befinden sich als Museumsstücke im Bestand des DB-Museums.

Baureihe	**181²**
Radsatzfolge	**Bo'Bo'**
Länge über Puffer	**17.940 mm**
Raddurchmesser	**1.250 mm**
Höchstgeschwindigkeit	**160 km/h**
Stundenleistung	**3.300 kW**
Dauerleistung	**3.200 kW**
Dienstmasse	**82,5 t**
Radsatzfahrmasse	**21 t**
Stromsystem	**15 kV / 16,7 Hz ~, 25 kV / 50 Hz ~**
Indienststellung	**1974–1975**
Museumsloks	**181 201, 206**

Baureihe E 320 (UIC DB: 182)

Nach dem elektrischen Lückenschluss zwischen Saarbrücken und Forbach 1960 benötigte die Bundesbahn Lokomotiven für das deutsche und das französische Stromsystem. So sollte das Umspannen an den Grenzbahnhöfen entfallen. Deshalb gab die Bundesbahn Aufträge für die Entwicklung und Fertigung von drei Versuchsmaschinen.

Die Loks sollten sich an der Baureihe E 40 orientieren, jedoch musste ihre Höhe an das französische Umgrenzungsprofil angepasst werden. 1960 lieferten Krupp und AEG die E 320 01, Henschel und Brown Boveri (BBC) die E 320 11, und Krauss-Maffei sowie Siemens-Schuckert-Werke (SSW) waren für die E 320 21 verantwortlich.

Alle drei Maschinen bekamen einen Tatzlagerantrieb mit Gleichspannungs-Kommutatormotoren, unterschieden sich jedoch in der Steuerungstechnik: E 320 01 hatte ein Niederspannungsschaltwerk, während E 320 11 und E 320 21 mit einem Hochspannungsschaltwerk ausgestattet waren. Die Loks wurden in Saarbrücken stationiert, wo sie im Grenzgebiet sowohl im Reise- als auch im Güterverkehr eingesetzt wurden. 1968 wurden sie in die Baureihe 182 umgezeichnet. Mit der Einführung der Baureihen E 310 und E 410 nahmen die E 320 zunehmend Aufgaben im Güterverkehr wahr. Als erste wurde 182 011 im Sommer 1977 nach einer Flankenfahrt abgestellt, die letzte Lok war 182 021 im Oktober 1982. Nach ihrer Ausmusterung kaufte AEG die 182 001 zurück und baute sie zu einer Versuchsmaschine für Drehstromantrieb mit Asynchronmotoren um. Ein Führerstand wurde entfernt und ein Wendezug-Steuerwagen fest gekoppelt. Das umgebaute Gespann wurde zwar wieder in Saarbrücken stationiert, war jedoch hauptsächlich für Messfahrten im Raum München unterwegs. Ende 1989 wurden die Versuche abgeschlossen, und 182 001 wurde erneut abgestellt. Heute gehört sie zum Museumsbestand der Deutschen Bahn und steht in Koblenz-Lützel.

Baureihe	**E 320 (UIC DB: 182)**
Radsatzfolge	**Bo'Bo'**
Länge über Puffer	**16.440 mm**
Raddurchmesser	**1.250 mm**
Höchstgeschwindigkeit	**120 km/h**
Stundenleistung	**2.660 / 2.500 / 2.550 kW***
Dauerleistung	**2.340 / 2.320 / 2.340 kW***
Dienstmasse	**83,7 / 81,5 / 83,7 t***
Radsatzfahrmasse	**21 / 20,5 / 21 t***
Stromsystem	**15 kV / 16,7 Hz ~, 25 kV / 50 Hz ~**
Indienststellung	**1960 / 1960 / 1959***
Museumsloks	**182 001**
***E 320 01 / E 320 11 / E 320 21**	

Baureihe E 410 (UIC DB: 184)

Mitte der 1960er-Jahre beschloss die Deutsche Bundesbahn, fünf Viersystem-Loks für den Verkehr in die Benelux-Länder und nach Frankreich zu beschaffen. Bis 1967 lieferten Krupp (mechanischer Teil) und AEG (elektrischer Teil) drei Loks, die als E 410 001 bis 003 eingereiht wurden. Zwei weitere Loks (E 410 011 und 012) kamen ebenfalls von Krupp, wobei BBC den elektrischen Teil übernahm. Die E 410 waren für den Betrieb mit unterschiedlichen Stromsystemen ausgelegt: Wechselstrom in Deutschland sowie Gleichspannung mit 1,5 kV bzw. 3 kV in Frankreich und Belgien. Der Aufbau der Loks besteht aus einem Brückenrahmen und an den Enden befestigten Führerhäusern. Der Maschinenraum ist mit drei abnehmbaren Leichtmetallhauben geschützt. Erstmals kam eine stufenlose Phasenanschnittsteuerung mit Thyristoren zum Einsatz. Im Gleichstrombetrieb werden die E 410 001 bis 003 über Wechselrichter gespeist, während die BBC-Loks E 410 011 und 012 direkt mit Strom versorgt wurden. Alle Maschinen sind mit Mischstrommotoren ausgestattet.

Die Viersystem-»Europa-Loks« wurden für den Verkehr nach Belgien zunächst beim Bw Köln-Deutzerfeld beheimatet. Die AEG-Loks erhielten 1968 die Nummern 184 001 bis 003, die BBC-Loks 184 111 und 112. Aufgrund wiederkehrender Probleme beim Betrieb mit Gleichstrom gab die Bundesbahn 1973 alle Maschinen nach Saarbrücken ab. Die Maschinen wurden hier nur noch als Zweisystemloks genutzt, nachdem der Gleichstromteil stillgelegt worden war.

1981 musterte die Bundesbahn 184 111 aus, drei Jahre später folgte 184 112. 1993 wurde 184 001 ausgemustert, während 184 002 und 003 im Bestand der Deutschen Bahn AG blieben. 184 002 wurde jedoch noch 1994 abgestellt, und 184 003 blieb bis 2002 bei DB Cargo im Einsatz. Heute kann man diese Lok in Koblenz-Lützel besichtigen.

Baureihe	**E 410 (UIC DB: 184)**
Radsatzfolge	**Bo'Bo'**
Länge über Puffer	**16.950 mm**
Raddurchmesser	**1.250 mm**
Höchstgeschwindigkeit	**150 km/h**
Stundenleistung	**3.240 kW**
Dauerleistung	**3.000 kW**
Dienstmasse	**84 t**
Radsatzfahrmasse	**21 t**
Stromsystem	**15 kV / 16,7 Hz ~, 25 kV / 50 Hz ~, 1,5 kV =, 3 kV =**
Indienststellung	**1966–1967**
Museumsloks	**184 003**

Baureihe E 91, E 91⁹ (UIC DB: 191)

Für den Zugbetrieb auf den in den 1920er-Jahren elektrifizierten Strecken plante die Reichsbahn eine C'C'-gekuppelte Lokomotive für den schweren Güterzugdienst. 1922 erteilte sie Aufträge über 16 Maschinen für Bayern (EG 5 22 501 bis 22 516) und 14 für Schlesien (EG 581 bis 594). 1924 folgten vier weitere EG 5. Der Fahrzeugteil stammte von AEG und Krauss, der elektrische Teil von AEG sowie der AEG-Siemens-Liefergemeinschaft WASSEG.

Die Loks, die zwischen 1926 und 1928 in Dienst gestellt wurden, erhielten ab August 1926 die Bezeichnung E 91 01 bis 20 für Süddeutschland und E 91 81 bis 94 für Schlesien. 1927 bestellte die Reichsbahn bei AEG und WASSEG die E 91 95 bis 106 (E 91⁹) für Schlesien, die 1929 geliefert wurden.

Die E 91 verfügen über zwei Triebgestelle mit je drei gekuppelten Radsätzen. Der Antrieb erfolgt über einen Doppelmotor, der sein Drehmoment über einen Winterthur-Schrägstangenantrieb auf die Räder überträgt.

Die E 91 erfüllte ihre Aufgaben problemlos, doch mit steigenden Anforderungen an den Güterverkehr reichte eine Höchstgeschwindigkeit von 55 km/h bald nicht mehr aus.

Die Bundesbahn hatte insgesamt 23 E 91 im Bestand. Die meisten davon befanden sich in den Betriebswerken Landshut und Regensburg. Zwei E 91 aus Ulm wurden für den Dienst auf der Geislinger Steige eingesetzt, eine weitere Lok rangierte in Augsburg.

Mit der Ablieferung der E 40 und E 50 ab den 1950er-Jahren wurden die E 91 nach und nach in den Nahgüterverkehr und in Rangierdienste versetzt. Im Frankenwald fuhren sie im Güterzug- und Schiebedienst zwischen Pressig und Probstzella.

1968 wurden zwölf Loks, inzwischen als Baureihe 191 bezeichnet, in Oberhausen-Osterfeld Süd stationiert. Das Auslauf-Betriebswerk war München Ost, wo 1975 die letzten Loks aus dem Einsatz ausgeschieden. Die E 91 99 blieb erhalten und kann heute in Nürnberg besichtigt werden.

Baureihe	**E 91, E 91⁹ (UIC DB: 191)**
Radsatzfolge	**C'C'**
Länge über Puffer	**16.700 / 17.300 mm***
Raddurchmesser	**1.250 mm**
Höchstgeschwindigkeit	**55 km/h**
Stundenleistung	**2.200 kW**
Dauerleistung	**1.660 kW**
Dienstmasse	**123,7 / 116,4 t***
Radsatzfahrmasse	**20,7 / 19,6 t***
Stromsystem	**15 kV / 16,7 Hz ~**
Indienststellung	**1925–1929**
Museumsloks	**E 91 99**
*** E 91 / E 91⁹**	

Baureihe E 93 (UIC DB: 193)

Zu Beginn der 1930er-Jahre plante die Bahn, das Netz elektrifizierter Strecken von Bayern aus nach Baden und Württemberg auszubauen. Eine der wichtigsten Strecken war die Verbindung von Ulm nach Stuttgart, die die Schwäbische Alb mit der bekannten Geislinger Steige überquert.

Für die neue Güterzuglokomotive orientierte man sich an der E 44, die mit Drehgestellen, halbhohen Vorbauten und einem Brückenrahmen ausgestattet war. Die ersten beiden Lokomotiven wurden 1933 von AEG geliefert und als E 93 01 und E 93 02 in Dienst gestellt. E 93 03 und E 93 04 folgten 1935, ebenfalls von AEG. 1936 ging die dritte Bauserie in Dienst. Sie umfasste die E 93 05 bis E 93 13. Diese Maschinen waren 400 kg schwerer und konnten 70 km/h erreichen statt 65 km/h. 1939 wurden die E 93 14 bis E 93 18 geliefert.

Mit der Beschaffung der E 94 wurden die E 93 in Kornwestheim stationiert, wo sie auch nach dem Zweiten Weltkrieg verblieben. Die langsameren E 93 01 bis E 93 04 wurden bevorzugt für den Schubdienst auf der Geislinger Steige eingesetzt und waren deshalb in Geislingen beheimatet. In den 1950er-Jahren waren ebenfalls E 93 in Ulm stationiert. Zu Beginn der 1960er-Jahre wurden alle Lokomotiven wieder in Kornwestheim zusammengefasst. Doch mit zunehmendem Gewicht und steigenden Geschwindigkeiten der Güterzüge verloren die E 93 zunehmend an Bedeutung und mussten ihre Aufgaben an die leistungsfähigeren E 94 und E 50 abgeben.

In den 1970er-Jahren zeichnete sich das Ende der Baureihe 193 ab, wie die E 93 seit 1968 bezeichnet wurden. Ab 1976 wurden keine Untersuchungen mehr durchgeführt, und die 193 010 wurde im September dieses Jahres als erste Lokomotive abgestellt. Die letzten beiden Loks, 193 012 und 193 016, schieden Ende August 1984 aus dem Dienst aus. Die E 93 07 blieb als Museumslokomotive erhalten und befindet sich heute in Koblenz-Lützel.

Baureihe	**E 93 (UIC DB: 193)**
Radsatzfolge	**Co'Co'**
Länge über Puffer	**17.700 mm**
Raddurchmesser	**1.250 mm**
Höchstgeschwindigkeit	**65 / 70 km/h***
Stundenleistung	**2.502 kW**
Dauerleistung	**2.214 kW**
Dienstmasse	**117,2 / 117,6 t**
Radsatzfahrmasse	**19,6 / 19,7 t**
Stromsystem	**15 kV / 16,7 Hz ~**
Indienststellung	**1933–1939**
Museumsloks	**E 93 07**
*** E 93 01-04 / E 93 05-18**	

Baureihe E 94, E 94² (UIC DB: 194, 194⁵, DR: 254)

Als Weiterentwicklung der E 93 beschaffte die DRG die E 94. Sie hat eine höhere Leistung und ist bis zu 90 km/h schnell. Bereits im November 1937 wandelte die Bahn eine Bestellung von elf E 93 in E 94 um. Nach dem Anschluss Österreichs 1938 waren die Lokomotiven auch für die Alpenstrecken über den Arlberg und den Brenner vorgesehen.

Als erste wurde die E 94 001 im April 1940 ausgeliefert. Während des Kriegs wurde die E 94 als »Kriegs-Elektrolokomotive 2« (KEL 2) weitergebaut. Bis 1945 gab die Bahn 285 Maschinen in Auftrag, von denen jedoch nur die E 94 001 bis 136 sowie 151 bis 159 gebaut wurden.

Nach dem Krieg musste die Reichsbahn 44 Maschinen an Österreich abgeben, die später als Reihe 1020 im Bestand der ÖBB liefen. In die Westzonen gelangten 68 Lokomotiven. Zwischen 1946 und 1953 kamen noch die E 94 137 bis 142, 145, 160 und 161 hinzu.

In Schlesien befanden sich bei Kriegsende 13 Maschinen und in Mitteldeutschland zwölf, von denen die meisten in die UdSSR verschleppt wurden. 1952 kehrten sie nach Deutschland zurück. Die E 94 042, 046, 054 und 055 wurden an die Bundesbahn verkauft.

Trotz des bereits beschlossenen Baus der E 50 bestellte die DB 1953/54 weitere 43 E 94, von denen 24 mit stärkeren Motoren als E 94 262 bis 285 ausgeführt wurden.

Ab 1968 vergab die Bahn die EDV-gerechte Bezeichnung 194. Die Baureihe 194^5 (ehemals $E\ 94^2$) mit einer Höchstgeschwindigkeit von 100 km/h umfasste die 194 141, 142 sowie 194 562 bis 585. Ende Mai 1988 war der Planeinsatz beendet, im Juni 1988 wurden die letzten Lokomotiven ausgemustert.

Nach der Wiederaufnahme des elektrischen Betriebs in der DDR ließ die DR zwischen 1956 und 1960 insgesamt 23 E 94 aufarbeiten. Sie erhielten ab 1970 die EDV-gerechte Bezeichnung 254. Die letzten sieben Exemplare wurden im August 1990 abgestellt.

Einige »Krokodile« blieben erhalten, darunter die E 94 056 (Leipzig-West) sowie 279 und 281 (Ersatzteilspender) in der Obhut des DB-Museums.

Baureihe	**E 94, E 94² (UIC DB: 194, 194⁵, DR: 254)**
Radsatzfolge	**Co'Co'**
Länge über Puffer	**18.600 mm**
Raddurchmesser	**1.250 mm**
Höchstgeschwindigkeit	**90 / 100 km/h***
Stundenleistung	**3.300 / 4.680 kW***
Dauerleistung	**3.000 / 4.400 kW***
Dienstmasse	**118,7 / 123 t***
Radsatzfahrmasse	**20 t**
Stromsystem	**15 kV / 16,7 Hz ~**
Indienststellung	**1940–1956**
Museumsloks	**E 94 056, 279, 281 (Teilespender)**
*** E 94 / E 94²**	

PETER ERDMANN

Baureihe E 95

Anfang der 1920er-Jahre plante die DRG die Elektrifizierung der Strecken, die für den Transport oberschlesischer Kohle nach Berlin und Dresden genutzt wurden. Dafür war auch die Beschaffung leistungsstarker Elektrolokomotiven vorgesehen. 1924 schrieb die DRG eine Lokomotive mit sechs angetriebenen Radsätzen und einem zweiteiligen Lokkasten aus.
Nach zahlreichen Entwürfen fiel die Entscheidung zugunsten eines Vorschlags von AEG, einzeln angetriebene Radsätze mit Tatzlagermotoren einzusetzen. Daraufhin erteilte die DRG den Auftrag zum Bau von sechs E 95. Den mechanischen Teil lieferte AEG, während die elektrische Ausrüstung zu gleichen Teilen von AEG (E 95 01 bis 03) und den Siemens-Schuckert-Werken (E 95 04 bis 06) stammte.
Die E 95 waren damals die teuersten und leistungsfähigsten Elektrolokomotiven der Reichsbahn und sind auch heute noch die längsten deutschen Elektrolokomotiven. Jede Lokhälfte hat drei fest gelagerte, angetriebene Radsätze und einen Laufradsatz in einem Bisselgestell. Beide Lokhälften sind durch eine Kurzkupplung miteinander verbunden. Jede Lokhälfte besitzt nur einen Führerstand. Die hohen, schmalen Vorbauten vor jedem Führerstand beherbergen den Haupttransformator und die elektromagnetische Schützensteuerung.
Da die Elektrifizierung aus finanziellen Gründen nicht realisiert wurde, kamen die E 95 nach ihrer Auslieferung 1927/28 auf die schlesischen Gebirgsbahnen.
Alle sechs Lokomotiven wurden 1945/46 als Reparationsleistung in die UdSSR abgegeben. 1952 kehrten sie in die DDR zurück. 1959 ließ die Reichsbahn die E 95 01 bis 03 für den schweren Kohleverkehr aufarbeiten. Das Ende der E 95 kam jedoch 1969 / 70. Während die E 95 01 und 03 verschrottet wurden, diente die E 95 02 bis 1978 als Weichenheizlok in Halle Hbf. Heute kann die E 95 02 als Museumslokomotive im Betriebshof Halle P besichtigt werden.

Baureihe	**E 95**
Radsatzfolge	**1'Co+Co1'**
Länge über Puffer	**20.900 mm**
Treibraddurchmesser	**1.400 mm**
Laufraddurchmesser	**850 mm**
Höchstgeschwindigkeit	**70 km/h**
Stundenleistung	**2.778 kW**
Dauerleistung	**2.418 kW**
Dienstmasse	**138,5 t**
Radsatzfahrmasse	**19,8 t**
Stromsystem	**15 kV / 16,7 Hz ~**
Indienststellung	**1927–1928**
Museumsloks	**E 95 02**

Baureihe E 1200

Die Henschel E 1200 war die weltweit erste in Serie gefertigte Elektrolokomotive mit Drehstrom-Asynchronmotoren und elektronischer Leistungsübertragung. Diese Technologie wurde erstmals 1971 am Beispiel der Henschel-BBC DE 2500 erprobt. Die E 1200 wurde entwickelt, um den Anforderungen der Zechenbahnen der Ruhrkohle AG gerecht zu werden. Ziel war es, eine Lokomotive mit doppelter Leistung bei gleichem Gewicht wie die bisherigen Lokomotiven der Bauart EA 1000 zu schaffen.

Im März 1975 bestellte die Ruhrkohle AG (RAG) sechs Lokomotiven, die 1976 ausgeliefert wurden. Da diese Anzahl nicht ausreichte, orderte die RAG 1984 sieben weitere Maschinen. Hersteller war jeweils Henschel in Kassel.

Der Dreiphasenwechselstrom wird über dreiphasige Pulswechselrichter erzeugt, wobei Geschwindigkeit und Zugkraft durch die Veränderung von Spannung und Frequenz gesteuert werden.

Im März 1979 war die E 1200 006 für drei Wochen zu Probefahrten bei den ÖBB im Einsatz. Die positiven Ergebnisse dieser Fahrten führten zur Entwicklung der ÖBB-Baureihen 1063 und 1064. Auch die Bundesbahn profitierte von den guten Betriebserfahrungen bei der Entwicklung der Baureihe 120.

Um die Lokomotiven auch auf dem Netz der Deutschen Bahn einsetzen zu können, wurden sie 1997 mit Indusi und Zugfunk ausgerüstet. 2009 waren noch zwölf Lokomotiven auf den Werkbahnen der RAG unterwegs, die mittlerweile von der DB-Tochter RBH Logistics betrieben werden. Mit der Schließung der RBH-Werkstatt in Gladbeck im Jahr 2014 wurden die E 1200 002, 004, 012, 014, 015 und 017 von der Firma Bender in Opladen bzw. Gladbeck verschrottet.

Von den ursprünglich 13 Maschinen sind nur noch drei Lokomotiven erhalten. Die E 1200 001 wurde an das DB Museum Koblenz-Lützel überstellt, während die E 1200 003 seit Februar 2014 im Eisenbahnmuseum Bochum ausgestellt ist.

Baureihe	**E 1200**
Radsatzfolge	**Bo'Bo'**
Länge über Puffer	**15.000 mm**
Raddurchmesser	**1.100 mm**
Höchstgeschwindigkeit	**100 km/h**
Stundenleistung	**keine Angabe**
Dauerleistung	**1.500 kW**
Dienstmasse	**88 t**
Radsatzfahrmasse	**22 t**
Stromsystem	**15 kV / 16,7 Hz ~**
Indienststellung	**1976, 1984**
Museumsloks	**E 1200 001**

Baureihe V 20 (UIC DB: 270)

Ende der 1930er-Jahre baute die Deutsche Wehrmacht eine große Anzahl zweiachsiger und dreiachsiger Dieselloks mit hydraulischer Kraftübertragung. Unter der Typbezeichnung WR 200 B 14 entstanden bis 1943 insgesamt 123 zweiachsige Maschinen, die nach einheitlichen Baugrundsätzen von verschiedenen Firmen gefertigt und mit Motoren unterschiedlichster Hersteller ausgestattet wurden. Die Leistung variierte zwischen 150 und 235 PS. Der Antrieb war bei allen Loks gleich: Ein Strömungs- und Wendegetriebe leitete die Kraft über eine Kupplung auf eine Blindwelle, die zwischen den beiden Radsätzen lag. Diese war mit den Rädern durch Kuppelstangen verbunden. Charakteristisch für die Maschinen waren das Führerhaus an einem Ende und der lange Vorbau.

Nach dem Krieg hatte die Bundesbahn 22 dieser Loks als V 20 im Bestand. Weil die Loks in schlechtem Zustand waren, mussten sie instandgesetzt werden. Dabei bekamen die V 20 001, 020 bis 023, 039 und 050 neue 6-Zylinder-Viertaktmotoren von MaK mit 200 PS. Die anderen Loks behielten ihre Deutz-Motoren.

Bis Anfang der 1950er-Jahre wurden weitere Loks mit hydraulischer Kraftübertragung und 200-PS-Motoren von MaK umgebaut. Diese Loks erhielten die Nummern V 20 051 bis 059. Ab 1968 liefen die Maschinen unter der Baureihe 270. Sie waren meist als Einzelstücke in verschiedenen Bahnbetriebswerken stationiert und wurden vor allem für Bedarfsaufgaben wie Bauzug- oder Übergabefahrten eingesetzt. Gelegentlich fuhren sie auch auf Nebenbahnen oder im leichten Rangierdienst. Als letzte wurde 270 054 im Juni 1980 ausgemustert. Sechs ehemalige DB-Maschinen blieben erhalten, darunter 270 036. Sie gehört der DB, ist aber an die Freunde der Marschbahn in Glückstadt verliehen.

Die Reichsbahn der DDR übernahm vier Loks des Typs WR 200 B 14 und gab ihnen die Nummern V 20 005 bis 008. Sie wurden bis Ende der 1960er-Jahre ausgemustert.

Baureihe	**V 20 (UIC DB: 270)**
Radsatzfolge	**B**
Länge über Puffer	**8.000 mm**
Raddurchmesser	**1.100 mm**
Höchstgeschwindigkeit	**55 km/h**
Leistung	**147 kW**
Dienstmasse	**26 t**
Radsatzfahrmasse	**13,5 t**
Kraftübertragung	**hydraulisch**
Indienststellung	**1936–1943**
Museumsloks	**V 20 036**

Baureihe V $36^{0,1,2,4}$ (UIC DB: $236^{1,2,4}$, DR: 103)

Ab der zweiten Hälfte der 1930er-Jahre benötigte die deutsche Wehrmacht für den schnellen und kostengünstigen Verschub auf militärischen Bahnanlagen kleine und robuste Diesellokomotiven. Nach einigen Versuchstypen entstanden zweiachsige Modelle sowie die dreiachsige Bauart WR 360 C 14. Bundesbahn und Reichsbahn der DDR bezeichneten diese Dreiachser zunächst als V 36.

Die Lokomotiven verfügen über einen Endführerstand und einen langen Vorbau. Der Dieselmotor leitet die Kraft über eine Blindwelle und Triebstangen auf die Radsätze und ermöglicht damit eine einfache und robuste Konstruktion.

Die Deutsche Reichsbahn West nahm zahlreiche V 36 wieder in Betrieb. Da diese Maschinen jedoch nicht ausreichten, um unwirtschaftliche Dampflokomotiven vollständig abzulösen, und noch keine geeignete Neukonstruktion zur Verfügung stand, entschloss man sich zu einem Nachbau der V 36. 1950 fertigte MaK in Kiel 18 Lokomotiven der Bauart V 36^4. Sie unterschieden sich vor allem durch ihre um 40 mm größere Länge. Auch der Radsatzstand war größer als bei den Vorkriegslokomotiven.

Viele V 36 erhielten eine Sichtkanzel auf dem Führerhaus, um dem Lokführer einen besseren Überblick bei Rangierarbeiten zu verschaffen.

Gegen Ende ihrer Einsatzzeit wurden die Maschinen im Bahnbetriebswerk Frankfurt (Main) zusammengezogen. Mit der 236 405 schied 1981 die letzte Lok dieser Baureihe aus dem Bestand der Deutschen Bundesbahn.

Zur Reichsbahn der DDR gelangten rund 40 Lokomotiven des Typs WR 360 C 14. 35 von ihnen wurden wiederhergestellt und unter den Nummern V 36 015 bis 080 in den Bestand aufgenommen. Mitte der 1960er-Jahre erhielten viele Fahrzeuge einen neuen Motor. Ab 1970 fuhren sie unter der neuen Bezeichnung 103. Ihr Einsatz endete 1982. Die V 36 027 wird als Leihgabe des DB-Museums von den Mecklenburgischen Eisenbahnfreunden in Schwerin gepflegt. Außerdem verbleiben bei der DB noch die V 36 103, 107 und 108 im Museumsbestand.

Baureihe	**V $36^{0,1,2,4}$ (UIC DB: $236^{1,2,4}$, DR: 103)**
Radsatzfolge	**C**
Länge über Puffer	**8.700 / 9.200 / 9.240 mm***
Raddurchmesser	**1.100 mm**
Höchstgeschwindigkeit	**45 / 55 / 55 km/h***
Leistung	**265 kW**
Dienstmasse	**36 / 39-43 / 41 t***
Radsatzfahrmasse	**13,1 / 14,4-14,9 / 14 t***
Kraftübertragung	**hydraulisch**
Indienststellung	**1938–1959**
Museumsloks	**V 36 032, 103, 107, 108**
*** V 36^0 / V $36^{1,2}$ / V 36^4**	

Baureihe V 45 (UIC DB: 245)

Wegen der politischen und wirtschaftlichen Bindung des Saarlands an Frankreich nach dem Zweiten Weltkrieg, entschlossen sich die Eisenbahnen des Saarlandes, zehn zweiachsige Rangier-Dieselloks des französischen Typs 020 LDH zu beschaffen. 1956 lieferte SACM (Grafenstaden) die Maschinen, die als V 45 eingereiht wurden. Nach der Eingliederung des Saarlands in die Bundesrepublik am 1. Januar 1957, kamen die Loks zur Bundesbahn.

Die V 45 konnten jedoch in puncto Leistung und Wartungsaufwand nicht überzeugen und wurden deshalb außer Dienst gestellt, sobald die V 60 verfügbar war. Besonders die hohe Geräuschentwicklung der V 45 war problematisch. Die Bundesbahn versuchte, die Maschinen schnell zu verkaufen, doch die Versuche scheiterten. Bereits 1960 wurden V 45 001 und 002 abgestellt und als Ersatzteilspender verwendet. Die übrigen Loks fanden kaum geeignete Einsatzgebiete, da ihre geringe Höchstgeschwindigkeit sie für den Streckeneinsatz unbrauchbar machte.

1961 wurden die Loks an die »Geschäftsführenden Direktionen für das Werkstättenwesen« abgegeben, die für die Ausbesserungswerke (AW) zuständig waren. Dort fanden die V 45 als Verschubloks eine neue Aufgabe. Eine Ausnahme bildete V 45 005 aus dem Betriebswerk Bayreuth, die für einige Jahre auch den Personenverkehr auf der Strecke zwischen Falls und Gefrees übernahm. Danach wurde sie nach Witten versetzt.

Ab 1968 trugen die Loks die Bezeichnung 245. In den 1970er-Jahren wurden sie, mit Ausnahme der Paderborner Maschinen 245 004 und 010, abgestellt. Diese beiden blieben bis 1980 im Einsatz. 245 004 und 006 vom AW Darmstadt wurden nach Italien verkauft, während 245 010 als Denkmallok im Werksbereich aufgestellt und 1999 verschrottet wurde. Heute ist nur noch V 45 009 erhalten, die im Deutschen Dampflokmuseum in Neuenmarkt-Wirsberg ausgestellt ist.

Baureihe	**V 45 (UIC DB: 245)**
Radsatzfolge	**B**
Länge über Puffer	**9.360 mm**
Raddurchmesser	**1.050 mm**
Höchstgeschwindigkeit	**50 km/h**
Leistung	**295 kW**
Dienstmasse	**34 t**
Radsatzfahrmasse	**17 t**
Kraftübertragung	**hydraulisch**
Indienststellung	**1956**
Museumsloks	**V 45 009**

Baureihe V 60 (UIC DB: 260, 261, 360 – 365)

Anfang der 1950er-Jahre brauchte die Bundesbahn moderne Rangierdieselloks, um alte Dampfloks zu ersetzen. Die »Arbeitsgemeinschaft für die Entwicklung der V-60-Diesellokomotive« erstellte ein Lastenheft, und 1955 / 56 lieferte die Industrie die vier Vorserienloks V 60 001 bis V 60 004.

Das Konzept orientiert sich an der V 36 mit hydraulischer Kraftübertragung. Der Antrieb erfolgt über drei Kuppelradsätze, die mit Blindwelle und Kuppelstangen verbunden sind. Der Mittelführerstand liegt hoch, was dem Lokführer eine gute Sicht auf die Puffer ermöglicht. Auf Rangiertritten und -bühnen kann Personal mitfahren. Der Motor befindet sich unter dem längeren Vorbau, der kürzere nimmt Kraftstoff- und Hauptluftbehälter auf. Zwischen 1956 und 1961 wurden 942 V 60 gebaut, in einer schweren und einer leichten Version. 1968 erhielten die Loks neue EDV-Nummern. Die leichten wurden als 260 und die schweren als 261 bezeichnet.

V 60 1018 und V 60 1019 bekamen versuchsweise eine Doppeltraktionssteuerung mit Einmannbedienung. Versuche mit einer Funkfernsteuerung fanden 1962 mit V 60 042 statt. Allerdings musste der Lokführer dabei weiterhin auf der Lok mitfahren.

Mitte der 1980er-Jahre kam es zu einem Überbestand an V 60. Mehrere ausländische Bahnverwaltungen zeigten Interesse, und die DB verkaufte einige dieser Loks.

Am 1. Oktober 1987 wurde die Baureihe als Kleinloks eingereiht, die Bezeichnung änderte sich auf 360 und 361. Ende der 1980er- und Anfang der 1990er-Jahre rüstete man viele Loks mit Funkfernsteuerung aus. Die Baureihe 360 wurde so zur 364 und die Baureihe 361 zur 365. Ab 1998 wurden Caterpillar-Dieselmotoren mit 480 kW Leistung eingebaut. Dadurch wurde aus der 364 die 362 und aus der 365 die 363.

Baureihe	**V 60 (UIC DB: 260, 261; DB AG: 360 – 365)**
Radsatzfolge	**C**
Länge über Puffer	**10.450 mm**
Raddurchmesser	**1.250 mm**
Höchstgeschwindigkeit	**60 km/h**
Leistung	**478 / 480 kW***
Dienstmasse	**48–49 / 53 t***
Radsatzfahrmasse	**16,1 / 18 t***
Kraftübertragung	**hydraulisch**
Indienststellung	**1955–1961; Umbau ab 1998**
Museumsloks	**V60 303, 315, 583, 775, 882, 1138**
*** 260 / 261**	

Baureihe V 60^{10-12} (UIC DR: 104–106; DB AG: 344–347)

Die V 60^{10-11} ist eine vierachsige Diesellok, die bei der Reichsbahn der DDR den Traktionswechsel im mittleren und schweren Rangierdienst einleitete. 1959 standen die beiden Musterloks V 60 1001 und 1002 bereit. Zwischen 1961 und 1962 folgten V 60 1003 bis 1009. Die erste Serienlok, V 60 1010, wurde 1963 vom Lokomotivbau »Karl Marx« (LKM) in Babelsberg gebaut. 1964 übernahm die DR mit V 60 1170 das letzte Exemplar dieser Baureihe. Ab 1964 folgte die V 60^{12}. Sie hatte ein neues Führerhaus, einen Übertourungsschutz und eine mechanische Umstellung des Stufengetriebes. Ab 1970 erhielten die Loks die Bezeichnung 106. Als 1975 die Reichsbahn die 106 999 abnahm, wurden die folgenden Maschinen als Baureihe 105 eingeordnet. Als letzte wurde 105 165 im Dezember 1982 abgenommen. Bis 1984 baute LEW Hennigsdorf noch weitere Maschinen, die sowohl im Inland als auch im Ausland eingesetzt wurden.

1986 baute die Bahn 14 Exemplare für den Rangierdienst im Fährhafen Mukran auf russische Breitspur (1.520 mm) um. Sie wurden in die Baureihe 104 umgezeichnet.

Die V 60^{10-12} war nicht nur im Rangierdienst erfolgreich, sondern wurde auch im leichten Güterverkehr und bei Bau- und Arbeitszügen eingesetzt. Die DR begann bereits in den 1980er-Jahren, die ersten Exemplare ausmustern.

1992 wurden die Baureihennummern 344 bis 347 eingeführt. Zu diesem Zeitpunkt befanden sich noch 136 Loks der Baureihe 346 im Bestand. Die letzte Lok dieser Baureihe, die 346 100, wurde 1997 ausgemustert.

Die Loks der Baureihe V 60^{12} blieben etwa zehn Jahre im Bestand der Deutschen Bahn AG. 2004 wurden die letzten Maschinen ausgemustert.

Als Museumsloks blieben bei der DB V 60 1100 und 105 021 erhalten. Beide stehen in Arnstadt.

Baureihe	**V 60^{10-12} (UIC DR: 104–106; DB AG: 344–347)**
Radsatzfolge	**D**
Länge über Puffer	**10.880 mm**
Raddurchmesser	**1.100 mm**
Höchstgeschwindigkeit	**60 km/h**
Leistung	**365 / 478 kW***
Dienstmasse	**60 t**
Radsatzfahrmasse	**15 t**
Kraftübertragung	**hydraulisch**
Indienststellung	**1959–1982; Umbau 1985–1993**
Museumsloks	**V 60 1100, 105 021**
*** 344 / 345-347**	

Baureihe V 65 (UIC DB: 265)

Mitte der 1950er-Jahre suchte die Deutsche Bundesbahn nach einer geeigneten Diesellok, um den unwirtschaftlichen Betrieb mit Dampflokomotiven auf Nebenstrecken zu beenden. Gleichzeitig entwickelten viele deutsche Lokfabriken Typenprogramme für Dieselloks, um im In- und Ausland konkurrenzfähig zu bleiben. Die Bundesbahn nutzte diese Situation und prüfte verschiedene Angebote.

Sie wurde bei der Maschinenbau GmbH (MaK) in Kiel fündig, die mit der 650 D eine Maschine mit 650 PS (478 kW) Leistung und einer Höchstgeschwindigkeit von 80 km/h für den Nebenbahndienst anbot. Zwischen Mai und Juli 1956 übernahm die DB 15 dieser Loks und reihte sie als V 65 ein.

Um die Kurvengängigkeit zu verbessern, sind die Radsätze mit Beugniot-Hebeln verbunden. Der Kessel der Zugheizung wird von den Motorabgasen erwärmt.

Zunächst war geplant, weitere V 65 zu kaufen, doch die Entwicklung der V 100 mit Drehgestellen, Gelenkwellenantrieb und einer Höchstgeschwindigkeit von 100 km/h verhinderte dies. Im Unterschied zu den anderen DB-Dieselloks, die schnell laufende Motoren hatten, erhielt die V 65 einen langsam laufenden MaK-Schiffsdiesel.

Die 15 V 65 waren zunächst von Marburg (Lahn) aus vor Reisezügen auf Nebenstrecken im hessischen Bergland nach Frankenberg (Eder), Warburg, Korbach und Kassel im Einsatz. Mit der Einführung der V 100 wurden die V 65 Mitte der 1960er-Jahre in den Rangier- und Übergabedienst versetzt und nach Hamburg-Altona umbeheimatet. Einige Maschinen fuhren auch zeitweise im Fährbahnhof Puttgarden und bedienten dort die Fährschiffe. Weil dafür die Zugheizung nicht benötigt wurde, legte die DB diese zunächst still und baute sie später aus.

Die letzte V 65, 265 004, wurde am 16. April 1980 nach einem Schaden ausgemustert. Die Lok 265 011 steht heute als Leihgabe des Verkehrsmuseums Nürnberg bei der DGEG in Bochum-Dahlhausen.

Baureihe	**V 65 (UIC DB: 265)**
Radsatzfolge	**D**
Länge über Puffer	**10.740 mm**
Raddurchmesser	**1.250 mm**
Höchstgeschwindigkeit	**80 km/h**
Leistung	**478 kW**
Dienstmasse	**54 t**
Radsatzfahrmasse	**13,5 t**
Kraftübertragung	**hydraulisch**
Indienststellung	**1956**
Museumsloks	**V 65 011**

Baureihe V 80 (UIC DB: 280)

In den frühen 1950er-Jahren entwickelten die Bundesbahn und die Industrie gemeinsam die V 80. Sie hatte zweiachsige Drehgestelle, die über Gelenkwellen angetrieben wurden, und einen hochliegenden Mittelführerstand. Als Motoren kamen zunächst zwei 800-PS-Aggregate von Daimler-Benz und MAN sowie ein 1.000-PS-Motor von Maybach zum Einsatz. Zwischen 1951 und 1952 wurden zehn Loks ausgeliefert.

Während der Testphase wurden einige Verbesserungen vorgenommen. So wurde der Heizkessel durch ein Vapor-Heating-Aggregat ersetzt, und die Motoren durch den leistungsstärkeren MTU-Typ MB 12V 493 mit 1.100 PS.

Die Loks wurden mit vielen neuen technischen Einrichtungen ausgestattet, was sie jedoch sehr komplex und wartungsintensiv machte. Daher entschied die Bahn, keine weiteren V 80 zu beschaffen.

Nach der Auslieferung wurden die Loks zunächst in Bamberg und Frankfurt (Main) stationiert. So konnten Erfahrungen im flachen Land und im Vorortverkehr der Großstadt gesammelt werden. Die Frankfurter Loks erhielten eine Wendezugsteuerung.

Ab 1962 wurden die Frankfurter Loks nach Bamberg versetzt, wo sie im Nürnberger Vorortverkehr eingesetzt wurden. In Bamberg waren sie auch auf Nebenbahnen unterwegs und bespannten dort sowohl Reise- als auch Güterzüge. Im Sommer 1968 kam die erste Lok mit der Bezeichnung 280 nach Coburg. Eine zweite folgte 1969. Die Trennung in zwei Einsatzgebiete erwies sich jedoch als wirtschaftlich nachteilig. 1976 holte die Bahn die Coburger Loks deshalb zurück nach Bamberg.

Kurz darauf begann die Ausmusterung, und am 30. März 1978 schied die letzte Lok aus dem Dienst aus. Die Lok 280 010 wurde bereits 1977 an die Hersfelder Kreisbahn verkauft. Die V 80 002 blieb zunächst als Museumslok erhalten, wurde jedoch bei einem Brand im Depot Nürnberg-Gostenhof im Oktober 2005 so schwer beschädigt, dass sie verschrottet werden musste. An ihre Stelle trat die V 80 005.

Baureihe	**V 80 (UIC DB: 280)**
Radsatzfolge	**B'B'**
Länge über Puffer	**12.800 mm**
Raddurchmesser	**940 mm**
Höchstgeschwindigkeit	**100 km/h**
Leistung	**735 kW**
Dienstmasse	**58 t**
Radsatzfahrmasse	**15 t**
Kraftübertragung	**hydraulisch**
Indienststellung	**1951–1952**
Museumsloks	**V 80 005**

Baureihe V 90 (UIC DB: 290, 291, 294–296)

In den 1960er-Jahren entwickelten das BZA München und MaK in Kiel eine vierachsige Diesel-Rangierlok, die an die leichten vierachsigen Loks der Baureihe V 100 angelehnt war und die u. a. die Rangier-Dampfloks der Reihen 82 und 94 ablösen sollte. 1964 lieferte MaK die ersten 20 Vorausloks der V 90 aus.

Die V 90 erhielt einen 12-Zylinder-Motor von MTU/MB. Die Antriebsleistung wird über ein hydraulisches Getriebe und Gelenkwellen zu den Radsatzgetrieben übertragen. Die V 90 (ab 1968 Baureihe 290) bewährte sich gut, sodass zwischen 1966 und 1974 weitere 387 Loks gefertigt wurden.

Bevor der Serienbau begann, stellte MaK auf eigene Kosten drei Exemplare der Variante V 90P her. Sie waren mit einem langsam laufenden Acht-Zylinder-Reihenmotor ausgestattet. Die Bahn mietete die V 90 901 bis 903 (ab 1968 als 291 901 bis 903) zunächst an und kaufte sie später. Mit einem verbesserten Motor bestellte sie zwischen 1974 und 1978 die 291 001 bis 100.

Ab Dezember 1995 wurden einige Loks mit Funkfernsteuerungen ausgerüstet und als 294 (ex 290) und 295 (ex 291) bezeichnet. Im Jahr 2000 wurden zehn 294 mit neuen Motoren (1.000 kW) ausgestattet und der Unterbaureihe 294^{95} zugeschlagen. Sie sind im schweren Hüttenverkehr des Saarlandes im Einsatz, wo sie im Zugverband fahren und per Satellit von der Zuglok ferngesteuert werden.

Ab 2003 wurden 290/294 mit abgasarmen MTU-Motoren vom Typ 8V4000R41 (1.000 kW) remotorisiert. Diese Umbauten führten zur Entstehung der Unterbaureihen 290^5 und 294^5.

Ab 2004 wurden einige Maschinen für den zentral funkferngesteuerten Einsatz auf großen Rangierbahnhöfen mit einer sogenannten Bergfernsteuerung ausgestattet und als 296 bezeichnet. 290 001 ist eine Museumslok der DB. Sie steht in Koblenz-Lützel.

Baureihe	V 90 (UIC DB: 290, 291, 294–296)
Radsatzfolge	B'B'
Länge über Puffer	14.000 / 14.320 mm*
Raddurchmesser	1.100 mm
Höchstgeschwindigkeit	80 / 90 km/h**
Leistung	809 kW***
Dienstmasse	78,8 / 76-90 t**
Radsatzfahrmasse	20 / 19,2 t**
Kraftübertragung	hydraulisch
Indienststellung	1964–1978
Museumslok	290 001
* 290 001-020 / 290 021 ff	
** 290, 294, 296 / 291, 295	
*** 290^5, 291^5: 1.000 kW	

Baureihe V 100^{10,20} (UIC DB: 211 – 213, 714)

In den 1950er-Jahren stellte die Bundesbahn ein Typenprogramm für Dieselloks vor, in dem die V 100 für den Nebenbahndienst vorgesehen war. Die vierachsigen Maschinen wurden von der Maschinenfabrik Kiel (MaK) zusammen mit der Bundesbahn entwickelt.

Sie besitzt zwei schmale Vorbauten und ein mittig angeordnetes Führerhaus. Unter dem langen Vorbau befindet sich der Fahrdieselmotor, die Auspuffanlage, der Lüfter und der Wärmetauscher. Der kurze Vorbau beherbergt die Heizanlage, den Speisewasserbehälter und einen zusätzlichen Kraftstofftank.

Die Lok stützt sich über Schraubenfedern auf zwei zweiachsige Drehgestelle. Der Kraftstoffbehälter hängt zwischen den Drehgestellen unter dem Führerhaus.

Der 16-Zylinder-Motor überträgt seine Leistung über ein hydrodynamisches Getriebe mit zwei Drehmomentwandlern, einer elastischen Strömungskupplung, einem hydraulischen Stufengetriebe und Gelenkwellen auf die Radsätze. Eine Dampfheizung erwärmt das Kühlwasser und angehängte Reisezugwagen. Ein Hilfsdiesel versorgt über einen Generator die elektrischen Verbraucher.

Ab Ende 1958 wurden die ersten Maschinen der Baureihe V 100^{10} (001 bis 006) an die Bundesbahn übergeben. Sie hatten einen 1.100 PS starken Dieselmotor (810 kW). 1960 erhielt die V 100 1006 versuchsweise einen Motor mit 1.350 PS (993 kW). Die Maschinen wurden in Osnabrück und München stationiert.

Die Bundesbahn entschied sich zunächst für die 1.100 PS-Version und bestellte 364 Loks. Diese wurden ab Januar 1961 in Dienst gestellt. Die letzte Lok der ersten Serie war die V 100 1365, die im März 1963 abgenommen wurde. Ab 1968 wurden die Loks als Baureihe 211 geführt.

Bereits im Januar 1962 erhielt die Bundesbahn die ersten 1.350 PS-Maschinen, die als V 100 2002 ff. in den Betrieb gingen. Weitere Maschinen folgten. 1965 wurde mit der V 100 2381 die letzte Lok dieser Baureihe ausgeliefert. Ab 1968 trugen die stärkeren Loks die Bezeichnung 212.

Um Dampfloks auf den Steilstrecken zu ersetzen, benötigte die Bundesbahn speziell angepasste Dieselloks. Die V 100 2332 bis 2341 erhielten deshalb eine unabhängige, hydrodynamische Bremse und ein neues Getriebe ohne hydraulische Kupplung. Diese Loks wurden in Karlsruhe stationiert und auf der Strecke von Baiersbronn nach Freudenstadt eingesetzt. Ab 1968 führten sie die Bezeichnung 213. 1971 wurden sie nach Gießen und 1987 nach Koblenz umstationiert.

Mit der Eröffnung von Schnellfahrstrecken setzte die Bundesbahn spezielle Rettungszüge ein, an deren Enden jeweils eine umgebaute Lok der

Baureihe 212 gekuppelt war. Besonders auffällig an diesen Loks sind die großen Scheinwerfer und gelben Rundumleuchten. Eine Fernsteuerung ermöglicht die Bedienung der Lok vom Führerstand eines gasdichten Transportwagens. Diese Maschinen wurden zunächst als Baureihe 214 geführt, später als Baureihe 714.

1982 vermietete die Bundesbahn fünfzehn Loks der Baureihe 211 an die türkische Staatsbahn TCDD, die sie später kaufte. In den 1990er-Jahren gingen 34 Loks an die Österreichischen Bundesbahnen (ÖBB). Auch private Bahnen und Gleisbaufirmen in Frankreich und Italien kauften die V 100. Der Einsatz der Baureihe 211 bei der Deutschen Bahn AG endete im August 2001. Drei Jahre später wurden auch die letzten Loks der Baureihe 212 aus dem aktiven Dienst genommen. Die letzte Lok der Baureihe 213 wurde 2006 bei der DB-Tochter SüdostBayernBahn abgestellt.

Einige Loks der Baureihe 212 sind auch heute noch im Einsatz. Die Maschinen, die in Karlsruhe stationiert sind, sind vor Bauzüge in ganz Deutschland anzutreffen. Eine von ihnen trägt die originale beige / ozeanblaue Lackierung, eine andere ist purpurrot. Weitere Loks fahren im klassischen Verkehrsrot.

Die DB Bahnbau Gruppe hatte die 212 306 im Bestand. Sie war gelb lackiert und von Duisburg-Wedau aus im Einsatz.

Im Museumsbestand der DB befinden sich 211 023 sowie zehn Exemplare der Baureihe 212, von denen aber einige nicht zugänglich abgestellt sind. Lediglich die 212 084 (bei DBK Historische Bahn) und 212 273 (Koblenz-Lützel) können im Einsatz beobachtet werden.

Baureihe	**V $100^{10,20}$ (UIC DB: 211 – 213, 714)**
Radsatzfolge	**B'B'**
Länge über Puffer	**12.100 / 12.300 mm***
Raddurchmesser	**950 mm**
Höchstgeschwindigkeit	**100 km/h**
Leistung	**810 / 993 kW***
Dienstmasse	**62 / 63 t***
Radsatzfahrmasse	**16 t**
Kraftübertragung	**hydraulisch**
Indienststellung	**1958–1966**
Museumsloks	**211 023, zehn Exemplare 212**
*** V 100^{10} / V 100^{20}**	

Baureihe V 100 (UIC DR: 108, 110, 112, 114; DB AG: 201, 202, 204, 298)

Anfang 1963 entwickelte die Reichsbahn der DDR eine Diesellok für den Rangierdienst sowie den leichten bis mittelschweren Streckendienst. Die V 100 001 wurde 1964 auf der Leipziger Frühjahrsmesse vorgestellt. Es folgten zwei weitere Baumuster. Die Serienfertigung begann 1967 im LEW Hennigsdorf. 110 896 wurde am 16. März 1978 als letzte Lok in Dienst gestellt.

1972 prüfte die Reichsbahn den Einsatz eines stärkeren Motors. Als Erprobungsmuster diente die 110 457, die 1972 mit einem 900 kW (rund 1.200 PS) starken Motor und einem neuen Strömungsgetriebe ausgestattet wurde. Auch die 110 511 und 110 512 erhielten diesen Motor und wurden im S-Bahn-Betrieb zwischen Rostock und Warnemünde getestet.

Aufgrund dieser Tests entwickelte die Reichsbahn in Zusammenarbeit mit dem VEB Motorenwerk Johannisthal einen neuen 900 kW starken Motor mit höherem Wirkungsgrad. Er wurde erstmals 1977 in der 110 137 eingebaut. 1979 ordnete die Reichsbahn die Serienverwendung dieses Motors an. Diese Loks wurden ab 1981 als Baureihe 112 geführt. Bis 1990 rüstete das Raw Stendal insgesamt 492 Maschinen mit dem neuen Motor aus.

Im Rahmen einer »Extremerprobung« wurde ein Motor 1978 auf 1.050 kW Leistung gebracht und in der 110 203 getestet. 1981 erhielt diese Lok einen 1.100 kW-Motor. Zwischen 1983 und 1990 rüstete das Raw Stendal 60 Maschinen mit diesem Motor und neuen Strömungsgetrieben aus. Sie liefen zunächst als 115, ab 1984 als Baureihe 114.

Als Museumsloks der DB blieben V 100 003 (Förderverein Berlin-Anhaltinische Eisenbahn), 025 (Sächsisches Eisenbahnmuseum Chemnitz), 143 (Mecklenburgische Eisenbahnfreunde), 228 (Eisenbahnfreunde Hoher Fläming) und 457 zusammen mit 298 161 in Halle erhalten.

Baureihe	**V 100 (UIC DR: 108, 110, 112, 114; DB AG: 201, 202, 204, 298)**
Radsatzfolge	**B'B'**
Länge über Puffer	**13.940 / 14.240 mm**
Raddurchmesser	**1.000 mm**
Höchstgeschwindigkeit	**80 / 100 km/h***
Leistung	**736 / 883 / 1.100 kW**
Dienstmasse	**60-64 t**
Radsatzfahrmasse	**15-16,4 t**
Kraftübertragung	**hydraulisch**
Indienststellung	**1964–1978; Umbau 1978–1991**
Museumsloks	**V 100 003, 025, 143, 228, 457, 298 161**
*** 108 / 110 … 114**	

Baureihe 215

Ab Mitte der 1960er-Jahre führte die Ausmusterung von Dampflokomotiven zu einem steigenden Bedarf an Dieselloks. Da viele Reisezugwagen jedoch noch mit Dampfheizung ausgestattet waren, musste eine Version der V 160 mit Dampfheizung entwickelt werden. Zwischen Dezember 1968 und September 1969 lieferte Krupp die Prototypen 215 001 bis 010, die mit neuen, 2.500 PS starken Motoren von MAN ausgestattet waren.

Noch während der Ablieferung dieser Prototypen bestellte die Bundesbahn die ersten Serienmaschinen. Die Produktion endete im Mai 1971 mit der Auslieferung der 215 150.

Nach ihrer Abnahme gingen alle zehn Vorserienmaschinen an das Betriebswerk Ulm. Sie hatten zunächst noch keine Heizung und konnten daher nur im Güterverkehr eingesetzt werden. Dafür kamen die 215 011 bis 016 bereits mit Dampfheizung nach Ulm. Die folgenden Serienmaschinen wurden auf verschiedene Betriebswerke verteilt.

Mitte der 1970er-Jahre entwickelte sich Ulm zum Stamm-Betriebswerk der Baureihe 215. Im Sommer 1976 waren hier neben den 215 001 bis 010 und 030 bis 032 (mit elektrischer Heizung) auch die 215 056 bis 109 stationiert. 215 030 bis 032 wurden 1980 nach Krefeld abgegeben.

Mit der Zeit verlagert sich die Baureihe 215 aufgrund ihrer Dampfheizung zunehmend in den Güterverkehr. In der zweiten Hälfte der 1980er-Jahre nahm der Bestand in Ulm stark ab, und einige Loks wurden nach Oberhausen abgegeben. Bereits 1993 wurden die ersten Loks ausgemustert.

Bis Mitte 2003 gingen 67 Maschinen an DB Cargo, wo die Dampfheizung durch ein Warmhaltegerät ersetzt wurde. Sie wurden nun als 225 bezeichnet. Im Sommer 2003 baute auch DB Autozug 14 Loks um und bezeichnete sie als 2159. Ihr Einsatz endete im Herbst 2008.

Anfang 2015 waren nur noch die 225 021 und 225 903 planmäßig von Ulm aus im Einsatz. Bis zum Herbst 2017 wurden alle Loks ausgemustert und größtenteils an private Unternehmen verkauft. Als Museumsloks blieben nur die 215 049 und 215 122 erhalten.

Baureihe	**215**
Radsatzfolge	**B'B'**
Länge über Puffer	**16.400 mm**
Raddurchmesser	**1.000 mm**
Höchstgeschwindigkeit	**140 km/h**
Leistung	**1.397 / 1.839 kW**
Dienstmasse	**79 t**
Radsatzfahrmasse	**19 t**
Kraftübertragung	**hydraulisch**
Indienststellung	**1968–1971**
Museumsloks	**215 049, 215 122**

Baureihe V 160 (UIC DB: 216, 226)

Für den leichten Dienst auf Hauptbahnen sah die Deutsche Bundesbahn in ihrem Typenprogramm aus den 1950er-Jahren eine vierachsige, einmotorige Diesellok mit zwei Endführerständen vor. Der erste Auftrag umfasste zehn Probelokomotiven, und zwischen September 1960 und April 1961 lieferte Krupp die V 160 001 bis 006. 1962 kamen die V 160 007 bis 010 von Henschel.

Die ersten neun Loks hatten eine abgerundete Front mit kurzen Vorbauten, was ihnen den Spitznamen »Lollo« (nach der Schauspielerin Gina Lollobrigida) einbrachte. Die V 160 010 erhielt hingegen eine kantige Front im Stil der V 320, die auch bei allen folgenden Maschinen verwendet wurde. Eine geknickte Front ließ sich günstiger herstellen als eine abgerundete.

Nach Einsätzen im Städteschnellverkehr mit Wendezügen rund um Hamburg wurden alle Maschinen 1978 nach Gelsenkirchen versetzt und im Güterverkehr genutzt. Zwischen 1978 und 1984 wurden sie ausgemustert. Die V 160 003 wurde als Museumslok in das Nürnberger Verkehrsmuseum übernommen.

1964 begann die Serienfertigung der V 160. Statt der Maybach-Motoren kam der schwerere Motor von Daimler-Benz zum Einsatz. Dadurch stieg das Gewicht der Loks um rund drei Tonnen. Mit einer Radsatzlast von 20 Tonnen konnten die Loks nun nur noch auf Hauptbahnen fahren.

Bis 1969 lieferten Krupp, MaK, Henschel, KHD und Krauss-Maffei insgesamt 224 Serienloks. Viele von ihnen erhielten eine Wendezug- und Doppeltraktionssteuerung sowie eine 36-polige Steuerleitung.

Die 216 067 wurde als letzte Lok im September 2008 ausgemustert. Sie ist heute als Museumslok in Koblenz zu sehen. Die 216 221 gehört ebenfalls noch zur DB AG und ist als Leihgabe bei den Oberhessischen Eisenbahnfreunden (OEF) zu finden.

Sieben Loks wurden mit automatischen Scharfenberg-Kupplungen ausgestattet und als ICE-Abschlepploks der Baureihe 226 zugeordnet. Mitte der 2000er-Jahre wurde die 226 durch die Baureihe 218[8] abgelöst und aus dem Bestand ausgeschieden.

Baureihe	**V 160 (UIC DB: 216, 226)**
Radsatzfolge	**B'B'**
Länge über Puffer	**16.000 mm**
Raddurchmesser	**1.000 mm**
Höchstgeschwindigkeit	**120 km/h**
Leistung	**1.397 kW**
Dienstmasse	**77 t**
Radsatzfahrmasse	**20 t**
Kraftübertragung	**hydraulisch**
Indienststellung	**1960–1969**
Museumsloks	**V 160 003, 067, 221**

Baureihe V 162 (UIC DB: 217, 753)

Bereits während des Baus der V 160 gab es Überlegungen, die Dampfheizung durch eine elektrische Zugheizung zu ersetzen. Im Herbst 1965 lieferte Krupp in Essen deshalb die V 162 001. Sie war mit einem Fahrmotor und zusätzlich einem Heizdieselmotor ausgestattet, der über ein Zahnradgetriebe einen BBC-Drehstromgenerator antrieb. Der Heizdieselmotor konnte bei Bedarf auch zur Traktion eingesetzt werden. 1966 kamen V 162 002 und V 162 003 zur Bundesbahn.

V 162 001 und 002 wurden für Untersuchungen und Messfahrten nach Hamm (Westfalen) geschickt, während V 162 003 sofort von Mühldorf aus in den Plandienst ging. Nach den Tests wurden die beiden Maschinen aus Hamm nach Mühldorf verlegt, von wo sie im Winter 1970/71 nach Regensburg weitergingen.

1968 und 1969 folgten V 217 011 bis 022, ebenfalls von Krupp. 217 014 bis 016 gingen fabrikneu nach Hagen-Eckesey, während die übrigen nach Regensburg kamen. Im Sommer 1969 stellte das Betriebswerk Hagen einen Mischbetrieb mit Vorserienmaschinen der Baureihe 218 auf, um die beiden Baureihen vergleichen zu können. Nach den Vergleichsfahrten wurden die 217 014 bis 016 nach Regensburg umbeheimatet.

1974 wurden die Loks 217 001 und 002 zu Bremsloks umgebaut. Sie blieben in Regensburg, wurden jedoch auch häufig vom Zentralamt in München genutzt. 1989 erfolgte die Umzeichnung in 753 001 und 002.

Bis zum Ende der Bundesbahn Ende im Jahr 1993 blieb Regensburg das Heimat-Betriebswerk für alle 217.

753 001 bekam Anfang 2007 den rot/beigefarbenen Anstrich der 218 217. Heute ist sie in der Eisenbahn-Erlebniswelt Horb ausgestellt. 217 002 erhielt diesen Anstrich im Oktober 2003 und wurde 2018 an die BahnTouristikExpress GmbH verkauft. Alle anderen Loks der Baureihe 217 wurden ausgemustert. Die 217 014 befindet sich heute im DB Museum in Koblenz-Lützel.

Baureihe	**V 162 (UIC DB: 217, 753)**
Radsatzfolge	**B'B'**
Länge über Puffer	**16.400 mm**
Raddurchmesser	**1.000 mm**
Höchstgeschwindigkeit	**130 km/h**
Leistung	**1.397+367 kW***
Dienstmasse	**80 t**
Radsatzfahrmasse	**20 t**
Kraftübertragung	**hydraulisch**
Indienststellung	**1965–1969**
Museumsloks	**217 014**
*** Traktionsmotor+Heizmotor**	

Baureihe V 164 (UIC DB: 218)

Die Baureihe 218 ist die wichtigste Lok der V-160-Familie. Bis Ende der 1970er-Jahre entstanden rund 400 Lokomotiven in vier Serien. Sie erhielt von Beginn an eine elektrische Zugheizung; dabei verzichtete die Bundesbahn bewusst auf einen zusätzlichen Heizdieselmotor, denn Ende der 1960er-Jahre standen Motoren mit 1.840 kW Leistung zur Verfügung.

1968 und 1969 beschaffte die Bundesbahn zwölf Vorserienlokomotiven von Krupp. Nach umfangreichen Tests begann 1971 die Serienproduktion. Die Lokomotiven bekamen eine hydrodynamische Bremse und konnten deshalb für 140 km/h zugelassen werden. Während der zehnjährigen Bauzeit gab es einige Veränderungen. Ab 218 160 erhöhte sich die Motorleistung auf 2.060 kW. Ab 218 299 sorgten Flexicoil-Federungen für mehr Laufruhe. Die 218 499 kam im Juni 1979 zur DB und war damit die letzte Großdiesellok, welche die Bundesbahn beschaffte.

Die ersten Serienlokomotiven fuhren in Flensburg und Hamburg-Altona. Dort ersetzten sie die Baureihen 220 und 221 sowie die Dampflokomotiven der Baureihe 012. Ab September 1971 kamen die ersten Serienlokomotiven nach Regensburg. Danach folgten Lieferungen nach Karlsruhe, Mühldorf, Kempten und Kaiserslautern. Die Karlsruher 218 verdrängten auf der Murgtalbahn die steilstreckentaugliche Baureihe 213.

Baureihe	V 164 (UIC DB: 218)
Radsatzfolge	B'B'
Länge über Puffer	16.400 mm
Raddurchmesser	1.000 mm
Höchstgeschwindigkeit	140 km/h
Leistung	1.840–2.060 kW
Dienstmasse	80 t
Radsatzfahrmasse	20 t
Kraftübertragung	hydraulisch
Indienststellung	1968–1979
Museumsloks	218 128, 137, 212, 217, 225

Mit der Eröffnung der Schnellfahrstrecke zwischen Frankfurt (Main) und Köln rüstete die Bahn 15 Lokomotiven zu Schlepploks für liegengebliebene ICE-Züge um. Sie erhielten die Bezeichnung 218^8.
Im Jahr 2024 nutzte DB Fernverkehr noch 15 Lokomotiven, vor allem auf der Marschbahn nach Sylt. DB Regio setzte 31 Maschinen ein, viele davon in Süddeutschland. Der DB-Mietpool umfasste 13 Lokomotiven. Drei gelbe 218 arbeiteten für DB InfraGo. Die 218 208 von DB Fahrwegsdienste war verkehrsrot. Drei weitere gelbe Maschinen gehörten zur DB Bahnbau Gruppe.
Mehrere Lokomotiven gehören heute dem DB-Museum, so die 218 128 (EBM Siegen), 218 137 (Koblenz-Lützel), 218 212 (»Kunstlok« von Udo Lindenberg), 218 217 (Koblenz-Lützel) und 218 225 (Eisenbahnfreunde Mannheim).

Baureihe 119 (DB AG: 219, 229)

Zu Beginn der 1970er-Jahre brauchte die Reichsbahn der DDR weiterhin starke Dieselloks. Anfang 1973 wandte sich die Reichsbahn deshalb an die rumänische Lokfabrik »23. August« in Bukarest. Das Ziel war eine dieselhydraulische Lokomotive mit 120 km/h Höchstgeschwindigkeit. Viele Strecken erlaubten aber immer noch keine Radsatzlast von 20 Tonnen, weshalb die Loks sechsachsig ausgeführt werden mussten.
1976 trafen die Prototypen der Baureihe 119 ein. Während der ersten Untersuchungen zeigten die Lokomotiven allerdings viele Mängel. Konstruktion und Fertigung wiesen große Schwächen auf. Die Reichsbahn musste deshalb umfangreiche Nacharbeiten durchführen. Wegen dieser Probleme reduzierte sie die Bestellung von 270 auf 200 Maschinen. Noch während der Auslieferung begann die Reichsbahn damit, Motoren und Strömungsgetriebe aus eigener Produktion einzubauen.
Im Jahr 1990 benötigte die Reichsbahn für den Einsatz vor hochwertigen Reisezügen eine schnellere Diesellok. Sie sollte 140 km/h erreichen und eine leistungsfähige Zentrale Energieversorgung (ZEV) besitzen. So entstand bei Krupp Verkehrstechnik aus der 219 – so heißen die 119 seit 1992 – die 229. Nach dem Prototyp im Frühjahr 1992 folgten bis Herbst 1993 weitere 19 Lokomotiven. Die nun über 2.700 kW starken Maschinen zogen jedoch nur wenige Monate lang Schnellzüge. Ab 1995 fuhren die Baureihen 219 und 229 fast nur noch im Nah- und Regionalverkehr.
1999 begann die DB AG, die erst wenige Jahre alten 229er abzustellen. Im Juli 2001 verließ die letzte 229 den Betriebsdienst. Im Sommer 2003 strich die Bahn dann die letzten 219 aus ihrem Bestand. Die 229 100, 126, 147 und 181 arbeiteten noch kurze Zeit bei DB Netz als Bauzugloks. Inzwischen sind auch sie ausgemustert. 219 084 und 229 188 blieben als Museumsloks erhalten und werden heute vom Thüringer Eisenbahnverein in Weimar betreut.

Baureihe	**119 (DB AG: 219, 229)**
Radsatzfolge	**C'C'**
Länge über Puffer	**19.500 mm**
Raddurchmesser	**1.000 mm**
Höchstgeschwindigkeit	**120 / 140 km/h***
Leistung	**1.986 / 2.480 kW***
Dienstmasse	**99 / 100 t***
Radsatzfahrmasse	**16,5 / 16,7 t***
Kraftübertragung	**hydraulisch**
Indienststellung	**1976–1985 / Umbau 1992–1993***
Museumsloks	**219 084, 229 188**
***219 / 229**	

Baureihe V 180^{0,1,2} (UIC DR: 118, DB AG: 228)

In der zweiten Hälfte der 1950er-Jahre wollte die Reichsbahn der DDR mit mehr als 400 Dieselloks zahlreiche Dampfloks ersetzen. Für den mittelschweren Dienst auf Haupt- und Nebenbahnen entstand dabei die zweimotorige V 180 mit 1.800 PS. Anfang 1960 stellte der VEB Lokomotivbau »Karl Marx« mit der V 180 001 die erste Großdiesellok der DDR vor. Nach ihrer Erprobung folgten bis 1963 die V 180 002 bis 004. Nach erfolgreichen Tests begann 1963 mit der V 180 005 die Auslieferung der ersten Kleinserie. Ende 1965 schloss die Reichsbahn die erste Serie mit der V 180 087 ab.

Während der Indienststellung stand schon ein neuer Motor mit 1.000 PS bereit. Ab Mitte 1965 erhielt die Unterreihe V 180^1 diesen stärkeren Antrieb. Bis 1967 entstanden die V 180 101 bis 182.

Die V 180 eignet sich gut für Hauptbahnen, ist aber mit einer Radsatzfahrmasse von fast 20 Tonnen für viele Nebenstrecken zu schwer. Daraufhin entwickelte der VEB Lokomotivbau »Karl Marx« die sechsachsige V 180 201 mit 2.000 PS, die im Januar 1964 geliefert wurde.

Im Typenprogramm fand sich neben der V 180 auch eine Version mit 2.400 PS. Aufbauend auf der V 180^2 entstand deshalb 1965 die V 240 001. Die Serienlieferung der V 180^2 begann im August 1966 und endete 1970 mit der Lok 406. Die letzten Maschinen erhielten bereits die neue EDV-Bezeichnung 118.

Alle V 180 haben einen geschweißten Leichtbaurahmen. Drei Lokomotiven erhielten versuchsweise Führerhäuser aus GfK mit blendfreien Scheiben.

Der planmäßige Einsatz der Baureihe endete im Frühsommer 1998. Viele Lokomotiven wechselten danach zu Privatbahnen und Museen. Mehrere Maschinen stehen heute unter Obhut der Deutschen Bahn, darunter die V 180 005 in Arnstadt, die 118 273 in Schwerin, die 118 293 in Glauchau, die 118 283 bei den Ostsächsischen Eisenbahnfreunden und die 118 292 in Salzwedel.

Baureihe	**V 180^{0,1,2} (UIC DR: 118; DB AG: 228)**
Radsatzfolge	**B'B' / B'B' / C'C'***
Länge über Puffer	**19.460 mm**
Raddurchmesser	**1.000 mm**
Höchstgeschwindigkeit	**120 km/h**
Leistung	**1.324 / 1.472 / 1.472 kW***
Dienstmasse	**78 / 78 / 90 t***
Radsatzfahrmasse	**19,5 / 19,5 / 15 t***
Kraftübertragung	**hydraulisch**
Indienststellung	**1960–1965 / 1965–1967 / 1964–1970***
Museumsloks	**V 180 005, 118 273, 118 283, 118 292**
*** V 180^0 / V 180^1 / V 180^2**	

Baureihe V 200^0 (UIC DB: 220)

Die zweimotorige V 200^0 sollte alte Dampfloks auf Hauptbahnen im mittelschweren Reise- und Güterzugdienst ersetzen. Krauss-Maffei nutzte Erfahrungen aus der V 80 für die Entwicklung der zweimotorigen Maschinen. Zwischen November 1953 und Februar 1954 erhielt die Bundesbahn fünf Probeexemplare. V 200 001 wurde auf der Verkehrsausstellung in München gezeigt. V 200 005 begann im April 1955 eine Rundfahrt durch Jugoslawien, Griechenland und die Türkei. Nach 10.000 km kehrte sie im Mai 1955 nach Deutschland zurück.

Im Probebetrieb zeigte sich, dass die Leistung von 2 × 1.000 PS (2 × 735 kW) für die vorgesehenen Aufgaben nicht ausreichte. Daher bestellte die Bundesbahn die Serienmaschinen mit 2 × 1.100 PS (2 × 810 kW). 1955 begann die Serienproduktion. Maschinenbau Kiel (MaK) lieferte die V 200 006 bis 026, Krauss-Maffei die V 200 027 bis 055. Bis 1959 entstanden insgesamt 86 Lokomotiven.

V 200 001 wurde für Tests dem BZA München zugeordnet, die anderen Lokomotiven gingen direkt in den Plandienst. Heimatbetriebswerke waren unter anderem Frankfurt-Griesheim und Hamburg-Altona, wo die Lokomotiven im hochwertigen Reisezugdienst eingesetzt wurden. Mit der Elektrifizierung verschwanden sie zunehmend aus diesem Einsatzbereich. Anfang der 1960er-Jahre wurden die Lokomotiven mehr und mehr ins Allgäu verlegt. Zwischen 1966 und 1969 hatte die V 200 038 eine automatische Mittelpufferkupplung. Ab Mitte der 1970er-Jahre waren die Lokomotiven der Baureihe 220 – so heißt die V 200^0 seit 1968 – in Braunschweig, Lübeck und Oldenburg stationiert. 1984 wurde die letzte 220 in Oldenburg ausgemustert.

1977 verkaufte die Deutsche Bundesbahn fünf Lokomotiven an Heitkamp. Weitere Maschinen gingen an italienische Privatbahnen. Die Schweizerischen Bundesbahnen kauften sieben 220, die sie als Am 4/4 bezeichneten. V 200 007 gelangte in den Museumsbestand der DB und befindet sich heute beim Verein Historische Eisenbahnfahrzeuge Lübeck e. V.

Baureihe	**V 200^0 (UIC DB: 220)**
Radsatzfolge	**B'B'**
Länge über Puffer	**18.470 mm**
Raddurchmesser	**950 mm**
Höchstgeschwindigkeit	**140 km/h**
Leistung	**1.620 kW**
Dienstmasse	**73–81 t**
Radsatzfahrmasse	**22 t**
Kraftübertragung	**hydraulisch**
Indienststellung	**1953–1959**
Museumslok	**V 200 007**

Baureihe V 200 (UIC DR: 120, DB AG: 220)

Mitte der 1960er-Jahre musste die Deutsche Reichsbahn der DDR den Traktionswechsel durch einen Regierungsbeschluss deutlich beschleunigen. Weil jedoch Lokomotiven im geforderten Leistungsbereich nicht in der DDR gebaut werden durften, importierte sie neue Diesellokomotiven aus der Sowjetunion. Die Lokfabrik »Oktoberrevolution« in Lugansk (ab 1970: Woroschilowgrad) hatte für die Ungarischen Staatsbahnen die dieselelektrische M 62 konstruiert. Dieses Modell bildete die Grundlage für die neue Baureihe V 200. Zwei Prototypen trafen Ende 1966 bei der Reichsbahn ein. Sie wurden in Leipzig-Wahren beheimatet und zunächst ausführlich untersucht.

Die Lokomotiven haben eine elektrische Kraftübertragung und einen Zweitakt-Dieselmotor. Für die Reichsbahn war das eine technische Neuerung. Mit rund 19 Tonnen Radsatzfahrmasse eignen sie sich jedoch nicht für Nebenbahnen. Zudem fehlt eine Zugheizung, weshalb sie fast ausschließlich Güterzüge bespannen konnten. Der laute Motorsound des Kolomna-14D40-Zweitaktmotors machte schnell klar, dass ein Schalldämpfer notwendig war, und brachte ihnen den Spitznamen »Taigatrommel« ein. Ein erster Prototyp-Schalldämpfer stand erst ab 1967 zur Erprobung bereit.

Bis August 1976 erhielt die Reichsbahn 376 Lokomotiven der Baureihe V 200 (ab 1970: Baureihe 120). Die Lokomotiven gelten als robust, zuverlässig und leistungsstark. Mit der zunehmenden Elektrifizierung ab den 1980er-Jahren schrumpften ihre Einsatzgebiete. 1992 standen noch 292 Lokomotiven in Dienst. 1994 waren sie nur noch in Dresden-Friedrichstadt, Gera und Leipzig-Wahren stationiert. Am 21. Dezember 1994 strich die DB AG die letzte »Taigatrommel« aus ihren Listen. Im Museumsbestand der DB befinden sich heute der Prototyp V 200 001 in Schwerin sowie V 200 198 und V 200 274 in Weimar.

Baureihe	**V 200 (UIC DR: 120; DB AG: 220)**
Radsatzfolge	**Co'Co'**
Länge über Puffer	**17.550 mm**
Raddurchmesser	**1.050 mm**
Höchstgeschwindigkeit	**120 km/h**
Leistung	**1.271 kW**
Dienstmasse	**115,1 t**
Radsatzfahrmasse	**19,1 t**
Kraftübertragung	**elektrisch**
Indienststellung	**1966–1975**
Museumsloks	**V 200 001, 198, 274**

Baureihe V 300 (UIC DR: 130, 131, 132; DB AG: 230, 231, 232, 234)

Nach den Beschlüssen des VII. SED-Parteitags vom April 1967 sollte die DDR den Traktionswandel stark beschleunigen. Für den schweren Reisezugdienst war eine Diesellok mit 3.000 PS und elektrischer Zugheizung vorgesehen, die auf der V 200 basieren sollte. 1969 stellte die sowjetische Lokfabrik »Oktoberrevolution« in Lugansk (ab 1972: Woroschilowgrad) die Baumusterlok V 300 001 fertig und präsentierte sie 1970 auf der Leipziger Frühjahrsmesse. Die DR übernahm sie nicht und das Werk führte die Erprobung eigenständig fort.

1970 kamen die ersten Probelokomotiven zur DR. Sie wurden als 130 001 bis 011 bezeichnet und zunächst gründlich untersucht. Weil die elektrische Zugheizung noch in Entwicklung war, wurden diese Lokomotiven ohne Heizung geliefert und konnten daher nur im Güterzugdienst eingesetzt werden. Das galt auch für die 1971 / 72 gelieferten 130 012 bis 080. Die Baureihe 130 war für 140 km/h zugelassen, durfte jedoch regulär nur 120 km/h fahren.

Erst 1972 standen mit 130 101 und 130 102 zwei Prototypen mit funktionierender elektrischer Zugheizung bereit. Man vereinbarte jedoch, weitere Lieferungen zunächst als Güterzuglokomotiven zu fertigen: 100 km/h schnell, aber mit höherer Zugkraft. So entstanden 1972/73 die 131 001 bis 076. Danach war die elektrische Zugheizung betriebssicher. Die DR bestellte nun die Baureihe 132 mit Zugheizung, die 120 km/h erreichte. Zwischen 1973 und 1982 kamen 709 Exemplare in den Bestand.

Drehgestelle, Rahmen und Aufbau der Baureihen 130 bis 132 bestehen aus geschweißten Blechen und Profilen. Ein aufgeladener 16-Zylinder-Vier-

Baureihe	V 300 (UIC DR: 130, 131, 132; DB AG: 230, 231, 232, 234)
Radsatzfolge	Co'Co'
Länge über Puffer	20.620 / 20.620 / 20.820 / 20.820 mm*
Raddurchmesser	1.050 mm
Höchstgeschwindigkeit	140 / 100 / 120 / 140 km/h*
Leistung	2.200 kW
Dienstmasse	116,2 / 116,2 / 122,4 / 122 t*
Radsatzfahrmasse	19,4 / 19,4 / 20,4 / 20,4 t*
Kraftübertragung	elektrisch
Indienststellung	1970–1972 / 1972–1973 / 1973–1982 / Umbau 1991–1996*
Museumsloks	130 101, 131 001, 132 372, 234 304
* 230 / 231 / 232 / 234	

taktmotor mit 2.200 kW (3.000 PS) dient als Antrieb. Er überträgt seine Leistung über eine Lamellenkupplung an einen Drehstromgenerator, der über einen Gleichrichter die Fahrmotoren versorgt. Die Baureihe 132 besitzt einen Heizgenerator für die Stromversorgung der Reisezugwagen, deshalb ist sie um 200 mm länger.

Durch ihre hohe Stückzahl prägten die »Ludmillas« bald den Verkehr auf vielen nicht elektrifizierten Strecken. Anfang der 1970er-Jahre plante man mit der Baureihe 142 eine Version mit 4.000 PS für besonders schwere Züge.

1977/78 importierte die DR sechs Probelokomotiven (142 001 bis 006). Wegen steigender Rohölpreise und der beschleunigten Elektrifizierung kam es jedoch nicht zu einer Serienbeschaffung.

Zwischen 1992 und 1996 wurden 64 Lokomotiven der späteren Baureihe 232 für 140 km/h umgebaut. Sie erhielten geänderte Getriebe, angepasste Bremsen, teils modifizierte Motoren sowie eine verbesserte Schalldämpfung und die neue Bezeichnung 234. Ab 2001 reduzierten sich die Bestände dieser schnellen Lokomotiven stark. Neun Maschinen wurden in die Unterbaureihe 2329 für den Einsatz in den Niederlanden zurückgebaut und waren dann wieder nur noch 120 km/h schnell.

Der Einbruch des Güterverkehrs nach 1990 führte rasch zu einem großen Überbestand an DR-Diesellokomotiven. 1994 verschwand die Baureihe 230 (bis 1992: 130) aus dem Betrieb, 1995 folgten die Reihen 231 (bis 1992: 131) und 232 (bis 1992: 142). Die beiden Versuchslokomotiven 130 101 und 130 102 dienten bis 1997 dem VES-M Halle als Bremsloks und liefen seit 1992 als 754 101 und 754 102.

Auch DB Cargo baute einige Maschinen um. 1998 erhielt die 232 800 versuchsweise einen 4.000-PS-Motor. Zwischen 1999 und 2001 folgten zehn weitere »Ludmillas« mit diesem Motor für den Einsatz in den Niederlanden und Belgien. Sie liefen als Baureihe 241 bzw. 2418 und waren auf 100 km/h begrenzt. Für den Auslandseinsatz wurden Funk- und Signalsysteme angepasst.

In den Museumsbestand der Deutschen Bahn AG gelangte die 130 101. Sie steht zusammen mit 131 001 in Halle. 132 372 ist eine Leihgabe an die Mecklenburgischen Eisenbahnfreunde, und 234 304 befindet sich bei der IG Dampflok Nossen. Sie erhielt als Unikat einen türkisfarbenen Anstrich für RegionalBahn-Wagen und sollte so mit diesen Wagen ein harmonisches Bild abgeben.

Baureihe Kdl 91

In den 1950er-Jahren beschaffte die Deutsche Bundesbahn unter der Bezeichnung Kdl 01 eine kleine Serie von Rangierschleppern. Diese sehr kompakten Dieselfahrzeuge waren speziell für Verschiebeaufgaben von Lokomotiven und Wagen in Betriebs- und Ausbesserungswerken vorgesehen. Durch ihre kurze Bauform passten sie zusammen mit großen Lokomotiven problemlos auf Drehscheiben sowie Schiebebühnen.

Der erste Prototyp entstand 1953 und trug die Bezeichnung Kdl 15 – zugleich auch der interne Typname des Herstellers Schöma. In den Jahren 1956 und 1957 folgten die ersten beiden Serienfahrzeuge. 1958 baute Schöma eine weitere Serie von zehn Rangierschleppern dieses Typs. Danach stellte die Bundesbahn die weitere Beschaffung ein. Parallel zur Bestellung der Deutschen Bundesbahn lieferte Schöma 1955 und 1956 insgesamt drei Rangierschlepper an private Werkbahnen.

Die Kdl besaßen luftgekühlte Ein- und Zweizylindermotoren des Herstellers Deutz. Ihr mechanisches Schaltgetriebe erlaubte ohne Anhängelast eine Höchstgeschwindigkeit von 22 km/h.

Erste Einsatzorte waren das Ausbesserungswerk (AW) Nürnberg (Kdl 15), das Bahnbetriebswerk (Bw) Uelzen (01-02), das Bw Heidelberg (01-04), das Bw Mainz (01-10) sowie das Bw Wuppertal-Steinbeck (01-11 und 01-12). Der Prototyp Kdl 15 von 1953 erhielt später die Nummer Kdl 01-01 und ab 1968 die neue Bezeichnung Kdl 91-01. Das eigentliche erste Serienfahrzeug von 1956, ebenfalls als Kdl 01-01 bezeichnet, nahm die Bahn frühzeitig aus dem Betrieb, sodass es nicht mehr in die 91er-Gruppe überführt wurde. Alle anderen zwölf Schlepper liefen ab 1968 unter den Nummern Kdl 91-01 bis Kdl 91-12. In den 1970er Jahren erhielten die noch vorhandenen Fahrzeuge schließlich die Nebenfahrzeugnummern 91 0001 bis 91 0012.

Fünf Kdl existieren noch heute. Darunter befindet sich der grün lackierte Rangierschlepper 91 0006 des DB-Museums, der im Ausbesserungswerk Bremen in den 1980er Jahren aufgearbeitet wurde. Heute steht das Fahrzeug als Museumsstück in Koblenz-Lützel.

Baureihe	**Kdl 91**
Radsatzfolge	**B**
Länge über Puffer	**2.900–4.000 mm**
Raddurchmesser	**500 mm**
Höchstgeschwindigkeit	**22 km/h**
Leistung	**11–15 kW**
Dienstmasse	**5–6 t**
Kraftübertragung	**mechanisch**
Indienststellung	**1953–1958**
Museumslok	**Kdl 91 0006**

Baureihe Kö I (UIC DB: 311; DR: 100)

Die Deutsche Reichsbahn-Gesellschaft nutzte in der »Leistungsgruppe I« kleine Rangierlokomotiven mit einer Leistung von bis zu 39 PS. Sie waren für einfache Rangierarbeiten auf kleineren Stationen vorgesehen und liefen unter der Bezeichnung »Kö I«. Der Name verweist auf eine kompakte Kleinlokomotive mit Dieselölmotor.

Zwischen 1932 und 1934 entstanden zunächst 47 sehr unterschiedliche Versuchslokomotiven bei mehreren Herstellern. Deutsche Bundesbahn und Deutsche Reichsbahn der DDR trennten sich nach dem Zweiten Weltkrieg relativ schnell von den noch vorhandenen Exemplaren. Einige Fahrzeuge fanden später bei Werkbahnen eine neue Aufgabe.

Ab 1935 folgte eine weitgehend vereinheitlichte Bauweise, die nur geringfügige Unterschiede aufwies. Diese Lokomotiven übernahmen zunächst leichte Rangierarbeiten. Mit zunehmenden Zuglasten wurden sie schrittweise in den innerbetrieblichen Verschub der Betriebswerke versetzt.

Die Fahrzeuge besaßen ein heckseitig angeordnetes Führerhaus sowie einen vorderen Vorbau. Ein Dreiganggetriebe übertrug die Motorleistung. Die Kraftübertragung auf die Räder erfolgte bei den meisten Maschinen über Ketten. Die Bundesbahn modernisierte die Baureihe später und rüstete viele Lokomotiven mit einem luftgekühlten 50-PS-Motor von KHD aus. Einige Exemplare erhielten zusätzlich eine einfache Rangierkupplung, die der Lokführer per Fußhebel bedienen konnte. Die Reichsbahn lackierte die Lokomotiven schwarz. Die Bundesbahn entschied sich später für Purpurrot, während die Deutsche Reichsbahn der DDR an der schwarzen Farbgebung festhielt.

1968 standen bei der Bundesbahn noch 49 Lokomotiven im Einsatz; sie wurden nun der Baureihe 311 zugeordnet. Die DDR ordnete ihre Fahrzeuge ab 1970 der Baureihe 100 zu. Die letzte aktive Bundesbahn-Lok, 311 225, schied im Oktober 1979 aus. Sie blieb als Kö 0225 erhalten und gelangte als Leihgabe der DB zu den Eisenbahnfreunden Bielefeld. Weitere Fahrzeuge wie Kö 0229, Kö 0258 und Kö 0278 sind heute in Koblenz-Lützel untergestellt.

Baureihe	**Kö I (UIC DB: 311; DR: 100)**
Radsatzfolge	**B**
Länge über Puffer	**5.575 mm**
Raddurchmesser	**850 mm**
Höchstgeschwindigkeit	**18–23 km/h**
Leistung	**28–37 kW**
Dienstmasse	**8–10,2 t**
Radsatzfahrmasse	**5,3 t**
Kraftübertragung	**mechanisch**
Indienststellung	**1932–1938**
Museumsloks	**Kö 0225, Kö 0229, Kö 0258, Kö 0278**

Baureihe Kö(f) II (UIC DB: 321–324; DR: 100; DB AG: 310, 323, 324)

Die Entwicklung der Kleinlokomotiven der Leistungsgruppe II, also mit einer Leistung von mehr als 40 PS, verlief weitgehend parallel zur Leistungsgruppe I. Erste Versuchslokomotiven führten ab 1932 zu einheitlichen Grundlagen. Bei den frühen Maschinen herrschte bei Motoren und Getrieben noch große Vielfalt, mit Leistungen zwischen 50 und 110 PS. Zunächst kamen ausschließlich mechanische Zahnradgetriebe zum Einsatz, später wurde eine hydraulische Kraftübertragung eingeführt. 1937 legte die Bahn zwei Motortypen fest. Bis 1944 entstanden rund 1 300 Exemplare.

Nach dem Zweiten Weltkrieg verfügten die Westzonen über etwa 450, die sowjetische Besatzungszone über knapp 300 Lokomotiven. Hinzu kamen Fahrzeuge aus Wehrmachtsbeständen. Die Bundesbahn begann 1948 mit einer Nachbeschaffung; bis 1965 entstanden 736 Lokomotiven mit Motorleistungen von über 100 PS und Strömungsgetrieben. Ältere Fahrzeuge erhielten stärkere Motoren, Flüssigkeitsgetriebe sowie Druckluftbremsen.

Zum 1. Januar 1968 ordnete die DB ihre Kleinlokomotiven neu: 321 für Fahrzeuge mit mechanischer Bremse und 30 km/h, 322 für Lokomotiven mit Druckluftbremse und 30 km/h sowie 323 und 324 für Maschinen mit Druckluftbremse und 45 km/h. In den 1970er-Jahren wurden viele Fahrzeuge durch Türen und Fenster wintertauglich gemacht. Die Baureihe 321 verschwand bis 1974, die Baureihe 322 folgte 1987.

In der DDR entwickelte sich die Technik in ähnlicher Weise weiter. Die DR vereinheitlichte die übernommenen Lokomotiven, und LKM in Babelsberg baute ab 1948 Kleinloks mit mechanischem Getriebe und Motoren von 60 oder 90 PS nach. Auch diese Fahrzeuge erhielten später stärkere Motoren, zuletzt mit Leistungen von bis zu 125 PS. 1970 führte die DR die Bezeichnung Baureihe 100 ein; bei der DB AG wurden sie als Baureihe 310 geführt.

Heute sind fünf Lokomotiven dieser Entwicklungslinie im Bestand des DB Museums erhalten und können an verschiedenen Standorten oder bei Eisenbahnvereinen besichtigt werden.

Baureihe	**Kö(f) II (UIC DB: 321–324; DR: 100; DB AG: 310, 323, 324)**
Radsatzfolge	**B**
Länge über Puffer	**6.452 mm**
Raddurchmesser	**850 mm**
Höchstgeschwindigkeit	**30–45 km/h**
Leistung	**87–94 kW**
Dienstmasse	**16–17 t**
Radsatzfahrmasse	**8 t**
Kraftübertragung	**mechanisch, hydraulisch**
Indienststellung	**1932–1965**
Museumsloks	**Kö 4270, Kbf 4858, Köf 6186, Köf 6638, Köf 6782**

Baureihe Köf 10–12 (UIC DB: 331–335)

Um die Köf II abzulösen, plante die DB 1958 die Leistungsgruppe III mit mindestens 150 PS und einer Höchstgeschwindigkeit von 45 km/h. Zusammen mit dem Zentralamt konstruierte Gmeinder eine zweiachsige Lok mit einem Endführerstand und einem schlank ausgeführten Vorbau, die für den schweren Rangierdienst vorgesehen war.

1959 und 1960 entstanden zunächst drei Köf 10 mit 30 km/h sowie fünf Köf 11 mit 45 km/h. Sie erhielten unterschiedliche Motoren und Getriebe, wiesen jedoch eine gemeinsame Kraftübertragung über Rollenketten auf. Die Versuche zeigten, dass nur die Köf 11 die Anforderungen erfüllte, sodass die Bundesbahn 317 Fahrzeuge bestellte.

Während der laufenden Produktion überarbeitete Gmeinder den Antriebsstrang grundlegend. Statt der Ketten übernahmen Gelenkwellen die Kraftübertragung. 1965 stellte das Werk die erste Köf 12 vor, die zusätzlich über ein Strömungsgetriebe verfügte. Sie überzeugte im Betrieb, und ab 1968 begann die Serienfertigung. Bis 1978 entstanden 251 weitere Köf 12. Ab 333 102 erhielten die Loks ein stärkeres Kühlsystem mit großer runder Lüfteröffnung an der Front. Alle Loks verfügen über eine Knorr-Druckluftbremse. Zwischen 1982 und 1985 erhöhte die Bahn die Höchstgeschwindigkeit der Baureihe 331 durch Getriebeumbauten auf 45 km/h.

Im Rahmen der EDV-Umstellung führte die Bahn die Bezeichnungen 331 für die Köf 10, 332 für die Köf 11 und 333 für die Köf 12 ein. 1984 rüstete sie die Lokomotiven 333 108, 333 114 und 333 138 mit Funkfernsteuerung aus. Zwei Jahre später folgten 17 weitere Maschinen mit einer verbesserten Vorserienanlage. Ab 1988 begann der Serienumbau, und die ferngesteuerten Loks liefen fortan als Baureihe 335. 2001 nahm die Deutsche Bahn AG bei einigen Fahrzeugen der Baureihe 335 die Funkfernsteuerung wieder außer Betrieb und reihte sie erneut als Baureihe 333 ein.

Im Museumsbestand der DB befinden sich heute die Lokomotiven 332 245, 332 298 und 333 068 im DB Museum Koblenz, 332 262 in Lichtenfels, 332 304 bei den Adlerwerken Frankfurt sowie 333 678 in Nürnberg.

Baureihe	**Köf 10–12 (UIC DB: 331–335)**
Radsatzfolge	**B**
Länge über Puffer	**7.830 mm**
Raddurchmesser	**950 mm**
Höchstgeschwindigkeit	**30 / 45 / 45 km/h***
Leistung	**155 kW**
Dienstmasse	**22 t**
Radsatzfahrmasse	**10,2 / 19,2 / 12,2 t***
Kraftübertragung	**hydraulisch**
Indienststellung	**1959–1972**
Museumsloks	**332 245, 262, 298, 304**
	333 068, 678
*** 331 / 332 / 333**	

Baureihe Ka II (UIC DB: 381)

In den 1930er-Jahren testete die Reichsbahn Elektromotoren als Antrieb für Kleinlokomotiven, die mit Akkumulatoren betrieben werden sollten. 1930 lieferte AEG vier Versuchsloks, die sich bewährten und später als Ks 4012 bis Ks 4015 (ab 1958: Ka) zur Deutschen Bundesbahn kamen. Auch die 1932 von AEG gebaute Vorauslok Ks 4071 kam zur Bundesbahn. Sie besaß ein Führerhaus an einem Ende, während die Akkus im Vorbau untergebracht waren.

Zwischen 1935 und 1938 bauten BMAG und Windhoff insgesamt 41 Akkukleinloks. Diese wiesen dieselben Maße auf wie die seit 1932/33 produzierten Kleinloks der Leistungsgruppe II. Bis auf sechs Serienloks übernahm die DB alle Akkukleinloks der DRG, die vor allem im Verschubdienst in Bahnbetriebswerken und Instandhaltungswerken zum Einsatz kamen. Besonders bei Unterflurdrehbänken waren die Akkuloks gefragt, da sie sich präzise bewegen konnten und keine Abgase in geschlossenen Hallen verursachten.

1968 vergab die DB die Baureihe 381 an die Akkukleinloks. Die Serienloks wurden der Unterbaureihe 381^0 zugeordnet (Nummern 001 bis 022, ausgenommen 004, 009 und 021). Die Vorserienloks wurden als 381 101 (Ka 4015) und 381 201 (Ka 4071) eingereiht. Trotz der Ausmusterungen in den 1970er-Jahren blieben einige Loks aufgrund des Engagements ihres Personals weiterhin im Einsatz. Auch nach der Ausmusterung im Jahr 1980 wurden einige Maschinen als Werksloks weiterverwendet, unter anderem 381 005 in Köln-Deutzerfeld, 381 018 in Dessau, 381 020 in Mainz-Bischofsheim sowie 381 011, 012 und 016 in München-Freimann.

Museal erhalten blieb bei der DB nur die Ka 4862 (381 005), die heute in Koblenz-Lützel ausgestellt ist. Die Vorserienlok Ka 4013 befindet sich in Bochum-Dahlhausen, während die Ka 4015 (381 101) in Nördlingen betreut wird. Die Ka 4071 (381 201) steht als Denkmal in Limburg.

Baureihe	**Ka II (UIC DB: 381)**
Radsatzfolge	**Bo**
Länge über Puffer	**6.450 mm**
Raddurchmesser	**850 mm**
Höchstgeschwindigkeit	**25 km/h**
Leistung	**34 kW**
Dienstmasse	**16,5–17 t**
Radsatzfahrmasse	**8,5 t**
Kraftübertragung	**elektrisch**
Indienststellung	**1932–1938**
Museumslok	**Ka 4862**

Baureihe V 23 (DR: 102; DB AG: 312)

Anfang der 1950er-Jahre suchte die Deutsche Reichsbahn der DDR Ersatz für die Köf II. Sie wollte eine leichte Rangierlok mit einer Leistung von 110 bis 132 kW. LKM Babelsberg entwarf daraufhin die V 10 B. Sie leistete 75 kW, besaß ein mechanisches Getriebe und einen geschlossenen Führerstand. Die Reichsbahn war jedoch nicht zufrieden und verlangte entsprechende Änderungen.

1955 folgte eine neue Versuchslok. Sie erhielt ein anderes Strömungsgetriebe und einen 110-kW-Dieselmotor. Die DR führte sie als V 15 101. Nach den Tests übernahm die Bahn das Fahrzeug nicht, doch die Ergebnisse flossen in die spätere Serienfertigung ein. 1959/60 entstanden die ersten 20 Maschinen der Reihe V 15 1001 bis 1020 mit einer Leistung von 110 kW. Ab 1960 baute LKM weitere Serien, nun mit einem 132-kW-Motor.

Mit zunehmender Betriebserfahrung passte LKM die Konstruktion erneut an. Die weiterentwickelte Variante erhielt die Bezeichnung V 18 B. Sie ging an Industriebahnen, Anschlussbahnen und auch an die DR, die die Lokomotiven als V 15 2201 bis 2349 einordnete. Bis 1964 entstanden 473 Maschinen, darunter 50 Exportloks.

Der Wunsch nach mehr Zugkraft führte 1966 zu einer weiteren Überarbeitung, und LKM bot nun die V 22 B an. Ab 1967 gingen die ersten Exemplare an Werk- und Anschlussbahnen. Sie erhielten ein stärkeres Getriebe und einen komplett neuen Motor mit 162 kW. 1968 nahm die DR die erste Lok als V 23 001 in Betrieb. Bis 1970 kaufte sie weitere 79 Fahrzeuge. Für Industriebahnen lief die Produktion noch bis 1976 weiter. Insgesamt entstanden 671 Lokomotiven, auch für den Export.

Die Loks arbeiteten im leichten Rangierdienst in der gesamten DDR. Auch bei Gleisbauarbeiten und in Instandhaltungswerken kamen sie zum Einsatz.

Von der Bauform V 22 B sind heute zwei Maschinen im Bestand der DB-Museen erhalten: die V 23 001 (102 001) und die Werkslok des Ausbesserungswerks Zwickau (102 084). Letztere ist an die Sächsischen Eisenbahnfreunde verliehen.

Baureihe	**V 23 (DR: 102; DB AG: 312)**
Radsatzfolge	**B**
Länge über Puffer	**6.940 mm**
Raddurchmesser	**1.000 mm**
Höchstgeschwindigkeit	**55 km/h**
Leistung	**162 kW**
Dienstmasse	**20–23 t**
Radsatzfahrmasse	**10–12 t**
Kraftübertragung	**hydraulisch**
Indienststellung	**1968–1971**
Museumsloks	**102 001, 102 084**

Baureihe 420/421

Für den erwarteten Fahrgastandrang zu den Olympischen Spielen 1972 richtete die Bundesbahn in München ein neues S-Bahn-Netz ein. Dafür brauchte sie Triebzüge, die für ein schnelles Anfahren, kurze Halte und häufige Fahrgastwechsel geeignet sind. Es entstanden dreiteilige Einheiten, bei denen alle Radsätze angetrieben sind. Die Reihen 420 (Endwagen) und 421 (Mittelwagen) plante die Bahn auch für Frankfurt (Main), das Rhein/Ruhr-Gebiet und Stuttgart ein.
1969 kamen die ersten drei Prototypen. Bis 1981 folgten 390 Serienzüge. Nach fast zehn Jahren Pause baute die Industrie zwischen 1990 und 1997 weitere 90 Einheiten. Sie erhielten stärkere Bremsen für den Einsatz im steilen Stuttgarter Netz.
Die Mittelwagen entstanden von Anfang an im Aluminium-Leichtbau. Die Endwagen baute man zunächst aus Stahl. Ab Triebzug 420 131 wechselte die Bahn auch hier zum leichteren Aluminium.
Ab 1979 stellte das Rhein/Ruhr-Gebiet auf lokbespannte Wendezüge um. Dadurch wanderten die 420/421 bis 1984 nach München, Frankfurt und Stuttgart ab. Ein Mangel an Loks und Wagen führte jedoch dazu, dass die Züge zwischen 1990 und 1992 wieder ins Ruhrgebiet zurückkehrten.
2002 gab München einige Fahrzeuge an die S-Bahn in Stockholm ab. Dort erhielten sie eine blau-weiße Lackierung und fuhren bis Ende 2005.
2005 modernisierte das Werk Krefeld-Oppum die Triebzüge 400 und 416. Das Programm »ET 420 Plus« brachte einen neuen Innenraum, LCD-Zielanzeiger, Klimaanlage, LED-Scheinwerfer und LED-Rückleuchten. Auch automatische Türschließsysteme mit TAV-Funktion kamen hinzu. Die Bahn führte das Projekt jedoch nicht fort, da sie sich für den Ersatz durch die neue Baureihe 430 entschied.
Im Jahr 2025 standen nur noch Fahrzeuge im Großraum München im täglichen Einsatz. Die Züge 001 (Nürnberg) und 416 (Koblenz-Lützel) werden heute vom DB-Museum betreut.

Baureihe	**420 / 421**
Radsatzfolge	**Bo'Bo'+Bo'Bo'+Bo'Bo'**
Länge über Kupplung	**67.400 mm**
Raddurchmesser	**850 mm**
Höchstgeschwindigkeit	**120 km/h**
Dauerleistung	**2.400 kW**
Dienstmasse	**139 / 129 / 135 t***
Radsatzfahrmasse	**12,25 t**
Stromsystem	**15 kV / 16,7 Hz ~**
Indienststellung	**1969-1997**
Museumswagen	**420 001 / 421 001 / 420 501**
	420 416 / 421 416 / 420 916
*** 420 001-130 / 420 313-412 / 420 413 ff.**	

Baureihe ET 25 (UIC DB: 425, DR: 285)

Ab Mitte der 1930er-Jahre beschaffte die Deutsche Reichsbahn-Gesellschaft (DRG) die zweigeteilten Vororttriebwagen ET 25 sowie passende Steuerwagen ES 25.

Nach dem Zweiten Weltkrieg waren in den Westzonen 22 ET 25 und 31 ES 25 im Einsatz, während in der Sowjetzone nur vier ET 25 und sechs ES 25 verblieben. Zwölf ET 25 gingen im Krieg verloren. In Mitteldeutschland ordnete die sowjetische Besatzungsmacht die Einstellung des elektrischen Betriebs im März 1946 an, und nahezu alle ET/ES 25 wurden in die Sowjetunion abtransportiert. Nur die stark beschädigten ET 25 12 und ES 25 08 blieben im Raw Dessau zurück.

1955, nach der Wiederaufnahme des elektrischen Betriebs, baute das Raw Dessau diese Wagen zu einem dreiteiligen Triebzug um. Der »Rote Dessauer« war bis 1971 im Einsatz und wurde nach seiner Ausmusterung als Werkstatt- und Lagerraum genutzt.

Die Bundesbahn setzte die ET/ES 25 ebenfalls weiter ein, jedoch hatten die Fahrzeuge Ende der 1950er-Jahre ihre Nutzungsgrenze erreicht. Da sie jedoch weiterhin auf die Züge angewiesen war, entschloss sie sich, die Wagen grundlegend zu modernisieren. Die Umgestaltung wurde vom AW Stuttgart-Bad Cannstatt geleitet, das für die Triebwagen eine neue Kopfform – den sogenannten »Cannstatter Kopf« – entwarf. Der Umbau begann in der ersten Hälfte der 1960er-Jahre. Dabei wurden die ehemaligen Steuerwagen als Mittelwagen in die Züge integriert.

1968 zählte die Bundesbahn 17 Züge, die nun als Baureihe 425 geführt wurden. Sie waren in Basel, Esslingen, Freilassing, Haltingen, Heidelberg, München, Nürnberg, Offenburg und Tübingen stationiert. 1970 wurden die Züge in Tübingen zusammengefasst und die letzten drei Züge im September 1985 ausgemustert. ET 25 15 blieb als Museumszug erhalten und nahm 1985 an den Lokparaden in Nürnberg teil. Später erhielt er wieder seine ursprüngliche, korbbogenförmige Stirnfront mit den vier kleinen Fenstern.

Baureihe	**ET 25 (UIC DB: 425, DR: 285)**
Radsatzfolge	**Bo'2'+2'Bo' / Bo'2'+2'2'+2'Bo'***
Länge über Puffer	**43.625 mm / 66.270 mm***
Raddurchmesser	**950 mm**
Höchstgeschwindigkeit	**120 km/h**
Stundenleistung	**920 kW**
Dauerleistung	**840 kW**
Dienstmasse	**95 t / 124 t***
Radsatzfahrmasse	**17 t / 18 t***
Stromsystem	**15 kV / 16,7 Hz ~**
Indienststellung	**1935-1937 / Umbau 1963-1966**
Museumswagen	**ET / EM 25 15, EM 25 19**
*** vor / nach Umbau**	

Baureihe ET 26 (UIC DB: 426)

Im Mai 1955 stellte die Isartalbahn ihren Betrieb von Gleich- auf Wechselspannungsbetrieb um. Dadurch verloren die bisher dort genutzten ET 182 ihr Einsatzgebiet. Die Bundesbahn entschloss sich, die noch relativ jungen Fahrzeuge umzubauen. Neben der Anpassung auf Wechselspannung erhielten sie auch neue Stirnbereiche mit modernen Führerräumen.
Der Umbau erfolgte durch Wegmann in Kassel, die elektrische Ausrüstung stammte von BBC in Mannheim. Der ET 26 setzt sich aus einem Triebwagen und einem Steuerwagen zusammen. Die Triebdrehgestelle wurden neu entwickelt. Die elektrische Ausrüstung ist im Gepäckraum, unter dem Wagenboden und auf dem Dach untergebracht. Zur Kraftübertragung verwendete BBC den neu entwickelten Gummiantrieb mit schrägverzahntem Stirnradgetriebe. Auffällig an den Zügen ist der einzelne Stromabnehmer über dem Gepäckraum am Ende des Triebwagens.
Im Rahmen eines Versuchs wurde dem ET 26 03 eine Thyristor-Anschnittsteuerung für ein ruckfreies Anfahren und Bremsen eingebaut.
Nach Fertigstellung und Abnahme wurden die Züge zunächst in München stationiert. 1958 wurden sie nach Rosenheim verlegt und ersetzten dort die E 32 und den ET 85. Ende 1961 wechselten die vier Einheiten zum Bw München Ost. Dort fuhren sie unter anderem den Werkszug zwischen München Ost und dem AW München-Freimann. Im Juli 1965 verließ ET 26 03 als letzter Zug München in Richtung Regensburg. Im April 1972 wurden alle Einheiten nach Koblenz verlegt.
Weil die DB keine größeren Reparaturen an den wartungsintensiven Fahrzeugen mehr durchführen wollte, begann ab April 1977 ihre Ausmusterung. Diese wurde im Oktober 1978 abgeschlossen. Der ET/ES 26 02 wurde in das DB-Museumsprogramm aufgenommen und ist heute im Historisch-Technischen Museum in Peenemünde ausgestellt.

Baureihe	**ET 26 (UIC DB: 426)**
Radsatzfolge	**Bo'2'+2'2'**
Länge über Puffer	**37.320–37.505 mm**
Treibraddurchmesser	**1.100 mm**
Laufraddurchmesser	**950 mm**
Höchstgeschwindigkeit	**120 km/h**
Stundenleistung	**700 kW**
Dauerleistung	**640 kW**
Dienstmasse	**76,0 t**
Radsatzfahrmasse	**16,9 t**
Stromsystem	**15 kV / 16,7 Hz ~**
Indienststellung	**Umbau 1957**
Museumswagen	**ET / ES 26 02**

Baureihe ET 65 (UIC DB: 465)

Ab 1933 beschaffte die Deutsche Reichsbahn-Gesellschaft insgesamt 25 Triebwagen der Baureihe ET 65 für den elektrischen Vorortverkehr im Großraum Stuttgart. Diese Züge setzten sich aus einem Triebwagen, einem zweiteiligen Mittelwagen und einem Steuerwagen zusammen.

Die Maschinenfabrik Esslingen stellte den mechanischen Teil der Züge her, während die elektrische Ausrüstung von BBC stammte. Während die ersten Serien noch genietet waren, setzte man bei den späteren Fahrzeugen bereits auf Schweißtechnik.

Vor Kriegsende gelangten auch die Triebwagen ET 51 01, ES 51 11 sowie EB 51 01 und 04 nach Stuttgart und wurden dort gemeinsam mit den ET 65 eingesetzt.

Nach dem Zweiten Weltkrieg nahm die Bundesbahn 23 ET 65 wieder in Betrieb, und auch der ET 51 01 kehrte als ET 65 31 in den Einsatz zurück. Weil die Bahn auf längere Sicht nicht auf die Fahrzeuge verzichten konnte, wurden sie in den frühen 1960er-Jahren im Rahmen eines Modernisierungsprogramms umgebaut. Dabei ersetzte man die alten Mittelwagen durch vierachsige Umbauwagen der Bauart B4yg. Zudem erhielt der Triebwagen den »Cannstatter Kopf« mit nur zwei Stirnfenstern, und die ursprünglichen Holzbänke wichen kunstledergepolsterten Sitzen. Die ET 65 blieben bis zum Ende ihres Einsatzes im Großraum Stuttgart. Mit der Eröffnung des S-Bahn-Betriebs in Stuttgart im Oktober 1978 endete ihr Einsatz. Die meisten Triebwagen wurden verschrottet, während die Mittelwagen weiterhin als normale Reisezugwagen im Einsatz blieben. Einige wenige Züge blieben noch für spezielle Einsätze betriebsfähig. Sie übernahmen Zubringerfahrten zu den Jubiläen der AW München-Freimann (1978) und Stuttgart-Bad Cannstatt (1979). Der letzte Triebwagen, die 465 006, wurde im Januar 1980 aus dem Betriebsdienst genommen und in den Museumsbestand überführt. Er steht heute als Leihgabe in der Eisenbahn-Erlebniswelt in Horb.

Baureihe	**ET 65 (UIC DB: 465)**
Radsatzfolge	**Bo'Bo'+2'2'+2'2'***
Länge über Kupplung	**60.450 mm***
Raddurchmesser	**1.000 mm**
Höchstgeschwindigkeit	**85 km/h**
Stundenleistung	**924 kW**
Dauerleistung	**804 kW**
Dienstmasse	**133 t***
Radsatzfahrmasse	**19 t**
Stromsystem	**15 kV / 16,7 Hz ~**
Indienststellung	**1933–1939 / Umbau 1960–1963**
Museumswagen	**ET / ES 65 006**
*** Angaben nach Umbau**	

Baureihe ET 171 (UIC DB: 471)

In den 1930er-Jahren entschied die Deutsche Reichsbahn, die Hamburger S-Bahn von der Versorgung mit Wechselspannung aus der Oberleitung auf Gleichspannung aus einer seitlichen Stromschiene umzustellen. Ein erstes Teilstück ging im April 1940 in Betrieb. Der Zweite Weltkrieg verzögerte das Projekt jedoch, und erst im Mai 1955 endeten die letzten Fahrten der alten Wechselstromzüge.

Für den neuen Betrieb bestellte die Reichsbahn ab 1939 die Triebwagen der Baureihe ET 171. Jeder Zug besteht aus drei Wagen: zwei angetriebene Endwagen der 3. Klasse und ein Mittelwagen der 2. Klasse. Die Wagen sind über Kurzkupplungen mit seitlichen Dämpfungspuffern miteinander verbunden. An den Zugenden sind automatische Scharfenbergkupplungen montiert. Die Aufbauten sind komplett geschweißt. Jede Wagenseite hat vier Schiebetüren mit elektropneumatischer Schließung. Ein Übergang zwischen den Wagen ist nicht vorhanden.

Alle Radsätze der Endwagen erhielten ihren Antrieb über vier Gleichstrom-Reihenschlussmotoren mit Tatzlagerung. Die elektrische Ausrüstung befindet sich in einer geschlossenen Bodenwanne zwischen den Drehgestellen der leicht veränderten Bauart Görlitz. Wagenkasten und Untergestell bestehen aus geschweißten Abkantprofilen und Blechen.

Zwischen 1939 und 1943 lieferten die Hersteller die Einheiten ET 171 001 bis 047. Die Deutsche Bundesbahn bestellte 1954 und 1958 weitere 26 Züge mit kleineren Änderungen (ET 171 061 bis 086). Ab 1968 führte man sie als Baureihe 471/871. Mitte der 1980er-Jahre startete ein großes Modernisierungsprogramm, das nach 22 umgebauten Zügen 1987 endete. Die Einführung der neuen Baureihe 474 leitete das Ende der robusten Fahrzeuge ein. Im Herbst 2001 stellte man die letzten Einheiten außer Dienst.

Der Zug 471 182+471 482 bleibt dank des Vereins »Historische S-Bahn Hamburg e.V.« weiterhin betriebsfähig.

Baureihe	**ET 171 (UIC DB: 471)**
Radsatzfolge	**Bo'Bo'+2'2'+Bo'Bo'**
Länge über Kupplung	**65.250 mm**
Raddurchmesser	**930 mm**
Höchstgeschwindigkeit	**80 km/h**
Stundenleistung	**1.160 kW**
Dauerleistung	**896 kW**
Dienstmasse	**131,2 t**
Radsatzfahrmasse	**15,5 t**
Stromsystem	**1.200 V =**
Indienststellung	**1939-1958**
Museumswagen	**ET 171 082**

Baureihe 472/473

In den 1970er-Jahren eröffnete die Hamburger S-Bahn die City-Linie. Sie unterquert die Innenstadt und Steigungen bis 40 ‰ auf. Dafür benötigte die Bahn besonders zugstarke Fahrzeuge. Deshalb entwickelte das BZA München zusammen mit mehreren Herstellern die Triebwagen der Reihe 472 (Endwagen) und 473 (Mittelwagen). Die Fertigung begann 1974. Es entstanden 62 Einheiten, bei denen alle Radsätze angetrieben sind.
Die Wagenkästen bestehen aus einer leichten Aluminium-Schweißkonstruktion. Die Stirnseiten fertigte man aus glasfaserverstärktem Polyester. Wie bei den älteren Hamburger S-Bahn-Zügen gehört der komplette Mittelwagen zur 1. Klasse. An beiden Enden befinden sich automatische Mittelpufferkupplungen der Bauart Scharfenberg. Die Wagen eines Zuges sind über Kurzkupplungen verbunden, die man nur in der Werkstatt lösen kann. Die Drehgestelle arbeiten mit Luft- und Gummifederung.
Die ersten 30 Einheiten fuhren vor allem auf der City-Linie, die später in die Linien S1 bis S3 überging. Nach der vollständigen Lieferung setzten die Betriebsplaner die Baureihe 472 auch auf den Linien S11 und S21 ein. Wie alle Hamburger S-Bahn-Züge waren auch sie im Werk Hamburg-Ohlsdorf stationiert.
Ein umfangreiches Re-Design zwischen 1997 und 2005 bereitete die Fahrzeuge auf weitere Einsatzjahre vor. Die Innenräume näherten sich dabei dem Standard der Baureihe 474 an. Außerdem erhielten die Züge Notrufsprechstellen und Technik für die Selbstabfertigung durch den Triebfahrzeugführer.
Der Zug 472 029 diente bis zu seiner Ausmusterung 2019 jeden Herbst als Reinigungszug. Er entfernte Schmierfilme und Laub mit starken Wasserstrahlen von den Schienen.
Mit der Einführung der Baureihe 490 sank der Bedarf an den 472/473 deutlich. Viele Einheiten gingen außer Dienst. Im März 2022 endeten die planmäßigen Fahrten. Der Zug 472 062/562 bleibt als Museumsfahrzeug erhalten.

Baureihe	**472 / 473**
Radsatzfolge	**Bo'Bo'+Bo'Bo'+Bo'Bo'**
Länge über Kupplung	**65.820 mm**
Raddurchmesser	**850 mm**
Höchstgeschwindigkeit	**100 km/h**
Stundenleistung	**1.500 kW**
Dauerleistung	**1.500 kW**
Dienstmasse	**114,4 t**
Radsatzfahrmasse	**11,5 t**
Stromsystem	**1.200 V =**
Indienststellung	**1974–1984**
Museumswagen	**472 062+472 562**

Baureihe ET 91 (UIC DB: 491)

Anfang der 1930er-Jahre geriet die Deutsche Reichsbahn durch Kraftfahrzeuge immer stärker unter Druck. Um den Ausflugsverkehr attraktiver zu machen, bestellte sie bei Fuchs und AEG zwei elektrische Aussichtstriebwagen, die als »Gläserne Züge« bekannt wurden. Die Fahrgäste sollten während der Fahrt freie Sicht in alle Richtungen haben. Aus Kostengründen griff man auf viele Bauteile der ET 25 und ET 31 zurück.

Der Aufbau besteht aus geschweißten Profilen und Blechen. Damit die Reisenden ungehindert hinausschauen konnten, senkte man den Toilettenraum im Einstiegsbereich nahezu bis zur Fensterunterkante ab.

1935 zeigte die Reichsbahn den noch unfertigen elT 1998 (später ET 91 01) auf der Nürnberger Ausstellung »100 Jahre Deutsche Eisenbahnen«. Der zweite Triebwagen wurde im September 1935 fertiggestellt und nahm an der großen Fahrzeugparade teil. Anschließend fuhren beide Fahrzeuge von München aus auf Strecken in Süddeutschland und bald darauf auch in Österreich.

Der ET 91 02 verbrannte am 9. März 1943 nach einem Bombenangriff vollständig. Den ET 91 01 lagerte man zuvor nach Bichl aus und mauerte ihn dort im Lokschuppen ein. So überstand er den Krieg ohne Schäden und diente danach wieder dem Ausflugsverkehr.

Ab 1949 änderte sich vor allem sein äußeres Erscheinungsbild: neue Farbschemata, neue Stirnlampen und ein Einholm-Stromabnehmer. Technische Modernisierungen fielen weniger ins Gewicht. 1963 erhielt der Zug eine Indusi I 60, 1974 kam Zugbahnfunk hinzu.

1985 plante die Deutsche Bundesbahn, den Wagen wegen hoher Instandhaltungskosten aus dem Dienst zu nehmen. Wegen seiner großen Beliebtheit blieb er jedoch im Einsatz und erhielt 1986 beziehungsweise 1993 neue Hauptuntersuchungen. 1994 übernahm ihn die Deutsche Bahn AG.

Am 12. Dezember 1995 endete seine aktive Karriere: Im Bahnhof Garmisch prallte der Triebwagen mit einem Reisezug zusammen. Heute steht der schwer beschädigte »Gläserne Zug« im Bahnpark Augsburg.

Baureihe	**ET 91 (UIC DB: 491)**
Radsatzfolge	**Bo'2'**
Länge über Puffer	**20.600 mm**
Raddurchmesser	**950 mm**
Höchstgeschwindigkeit	**100 km/h**
Stundenleistung	**390 kW**
Dauerleistung	**350 kW**
Dienstmasse	**45,5 t**
Radsatzfahrmasse	**15 t**
Stromsystem	**15 kV / 16,7 Hz ~**
Indienststellung	**1935**
Museumswagen	**ET 91 01**

Baureihe ETA 176 (UIC DB: 517)

Ende der 1940er-Jahre entschied sich die Bahn, erneut akkubetriebene Schienenfahrzeuge einzusetzen. Schon die preußischen Staatsbahnen und später die Deutsche Reichsbahn hatten zahlreiche Akkutriebwagen genutzt. Einige dieser Fahrzeuge verblieben nach dem Krieg in Westdeutschland, sodass die Bundesbahn ihre Erfahrungen mit dieser Technik vertiefen konnte.

Die Weiterentwicklung der Batterietechnik führte schließlich dazu, dass die Bundesbahn zwei neue Versuchstriebwagen bestellte. Sie kamen 1952 von Wegmann sowie von der Schaltbau GmbH und erhielten die Bezeichnung ETA 176. Die guten Testergebnisse sorgten dafür, dass 1953 und 1954 sechs weitere Fahrzeuge folgten. Ab 1954 ergänzten acht Steuerwagen den Bestand, womit die Bundesbahn acht zweiteilige Einheiten bilden konnte. Diese Züge waren für den Bezirksverkehr und für den längeren Eilzugstrecken vorgesehen.

Der Wagenkasten ist eine selbsttragende, verwindungssteife Konstruktion aus Spanten und Schalen. Die Batterien der AFA in Hagen befinden sich zusammen mit der elektrischen Ausrüstung in einer geschlossenen Bodenwanne. Zwei Tatzlagermotoren treiben die Radsätze des Triebdrehgestells an. Die Laufdrehgestelle der Trieb- und Steuerwagen gehören zur Bauart München-Kassel. Die Steuerung übernimmt ein elektrisch angetriebenes Nockenschaltwerk.

Die Bundesbahn setzte die ETA 176 001 und 002 zuerst in München ein und verlegte sie im Mai 1952 nach Limburg. Die Fahrzeuge 004, 005 und 008 waren zunächst in Kassel stationiert. Die Triebwagen 006 und 007 fuhren in Hameln. Anfang der 1960er-Jahre zog die Bundesbahn alle Einheiten nach Limburg zusammen. Dort blieben sie bis zu ihrer Ausmusterung zwischen 1982 und 1984. Zu diesem Zeitpunkt trugen sie die neuen Bezeichnungen 517 (Triebwagen) und 817 (Steuerwagen). Der ETA 176 001 kam ins DB-Museum und wurde in seinen ursprünglichen Lieferzustand zurückversetzt.

Baureihe	**ETA 176 (UIC DB: 517)**
Radsatzfolge	**Bo'2'**
Länge über Kupplung	**27.000 mm**
Raddurchmesser	**980 mm**
Radsatzstand	**21.500 mm**
Höchstgeschwindigkeit	**100 km/h**
Leistung	**200 kW**
Dienstmasse	**56 t**
Radsatzfahrmasse	**16 t**
Indienststellung	**1952–1954**
Museumswagen	**ETA 176 001**

Baureihe VT 877, SVT 137 (DB: VT 04)

Am 15. Mai 1933 begann für die Deutsche Reichsbahn eine neue Ära des Schnellverkehrs. An diesem Tag startete der VT 877 a/b zu seinem ersten planmäßigen Einsatz. Als »Fliegender Hamburger« fuhr der Dieseltriebwagen mit bis zu 160 km/h zwischen Berlin und Hamburg. Für die 287 Kilometer brauchte er nur zwei Stunden und 18 Minuten – eine beeindruckende Durchschnittsgeschwindigkeit von 124,8 km/h.

Die guten Erfahrungen mit diesem Zug führten zur Bestellung weiterer Doppeltriebwagen der Bauart »Hamburg«. Es entstanden 13 Züge, die als SVT 137 149 bis 152 und 224 bis 232 eingereiht wurden. Sie erhielten eine etwas veränderte Kopfform und eine Scharfenbergkupplung.

Alle Wagenkästen bestehen aus einer aerodynamischen Stahlleichtbaukonstruktion in Spantenbauweise. In den beiden Laufdrehgestellen sitzen die Dieselmotoren von Maybach mit Generatoren, die die Energie liefern, welche die Gleichstrom-Tatzlagermotoren im Jakobsdrehgestell antreiben.

Ab 1935 erreichten die Züge von Berlin aus Köln, Frankfurt am Main, München und Stuttgart. Mit Beginn des Zweiten Weltkriegs endete der Betrieb.

Der VT 877 und fünf weitere »Hamburger« blieben in den westlichen Besatzungszonen. Die Deutsche Bundesbahn bezeichnete den VT 877 fortan als VT 04 000, die übrigen Fahrzeuge liefen als SVT 04[1]. Ab 1957 benötigte die Bundesbahn die Triebwagen nicht mehr und musterte sie aus. Der vordere Teil des VT 04 000a gelangte ins Verkehrsmuseum Nürnberg.

Vier Züge wurden 1958 an die Deutsche Reichsbahn der DDR verkauft. Dort blieben die letzten Exemplare bis 1983 im Dienst. Den SVT 137 225 baute die DR 1956 zu einem Salontriebzug um. Heute steht er äußerlich im Ursprungszustand, aber nicht mehr betriebsfähig, im Leipziger Hauptbahnhof.

Baureihe	VT 877, SVT 137 (DB: VT 04)
Radsatzfolge	2'(Bo)'2'
Länge über Kupplung	41.920 / 44.756 mm*
Treibraddurchmesser	1.000 mm
Laufraddurchmesser	900 mm
Radsatzstand	37.300 / 39.650 mm
Höchstgeschwindigkeit	160 km/h
Leistung	604 kW
Dienstmasse	77 / 92 t*
Radsatzfahrmasse	16 / 17 t*
Kraftübertragung	elektrisch
Indienststellung	1932 / 1935–1936*
Museumswagen	VT 04 000a, SVT 137 225
* VT 877 / SVT 137	

Baureihe VT 11^5 (UIC DB: 601, 602)

1954 gründeten mehrere europäische Bahnen in Den Haag die Trans-Europ-Express-Kommission. Ihr Ziel war ein einheitlicher und hochwertiger Fernschnellverkehr. Für diese Anforderungen entwickelte die Bundesbahn den VT 11^5. Das Bundesbahn-Zentralamt München arbeitete dafür mit MAN, Linke-Hofmann-Busch und Wegmann zusammen. Die DSG bestimmte die Gestaltung der Speise- und Küchenbereiche.

Ein Zug besteht meist aus zwei Triebköpfen, drei Sitzwagen, einem Speisewagen mit Bar und einem Speisewagen mit Küche. Es können aber bis zu acht Mittelwagen eingereiht werden. Die Endwagen enthalten den Maschinenraum, den Führerstand, einen Gepäckraum, Räume für Zug- und Grenzpersonal, ein Zugsekretariat, einen Funkraum und eine Personaltoilette.

Ab Juni 1957 fuhren die VT 11^5 im TEE-Netz. Sie kamen unter anderem im TEE »Helvetia« sowie im TEE »Rhein–Main« zum Einsatz. 1972 endete der TEE-Dienst der seit 1968 als 601 bezeichneten Fahrzeuge. Danach waren sie im IC-Verkehr unterwegs. Die Einführung zweiklassiger Intercity-Züge machte sie auch dort überflüssig. Bis April 1988 liefen sie noch im Touristikverkehr. 1990 nutzte die Deutsche Reichsbahn einen 601 als IC »Max Liebermann« zwischen Berlin und Hamburg.

Schon früh zeigte sich, dass der 601 für den IC-Einsatz zu schwach war. Mit acht Mittelwagen konnten die Züge die Fahrzeiten nicht halten. Deshalb erhielten vier Triebköpfe 1972 eine Gasturbine. Sie liefen nun als Baureihe 602. Ihr IC-Einsatz begann 1974. Ab dem Sommer 1975 waren drei gemischte 601/602-Garnituren unterwegs, während ein 602 als Reserve diente. 1978 stellte die Bahn die 602 ab und musterte sie 1979 aus. Während ihrer gesamten Einsatzzeit kämpften die Turbinentriebwagen mit häufigen Ausfällen und erreichten nie die erhoffte Zuverlässigkeit.

Baureihe	**VT 11^5 (UIC DB: 601, 602)**
Radsatzfolge (Triebkopf)	**B'2'**
Länge über Kupplung (Triebkopf)	**19.960 mm**
Treibraddurchmesser	**970 mm**
Laufraddurchmesser	**900 mm**
Radsatzstand (Triebkopf)	**15.450 mm**
Höchstgeschwindigkeit	**160 km/h**
Leistung	**809 / 1.620 kW***
Dienstmasse	**52.200 / 50.700 t***
Radsatzfahrmasse	**18 / 17 t***
Kraftübertragung	**hydraulisch**
Indienststellung	**1957-1958 / Umbau 1971-1973***
Museumswagen	**VT 11 5008, 5013, 5018, 5019, 602 003**
*** 601 / 602**	

Baureihe 610

Züge können Kurven schneller durchfahren, wenn sich der Wagenkasten neigt, ähnlich wie ein Motorradfahrer in der Kurve. Die Deutsche Bundesbahn testete bereits in den 1970er-Jahren an den Baureihen 614 und 624 die Neigetechnik, erzielte aber keinen Erfolg und stellte die Versuche ein. Erst 1991 griff sie das Thema erneut auf und entwickelte die Triebwagen der Baureihe 610. Die zweiteiligen 610 basieren auf der »Pendolino«-Technik von FIAT und waren als Regional-Schnellbahnen vorgesehen. MAN in Nürnberg übernahm die mechanische Entwicklung mit Unterstützung von MTU und DUEWAG. Die elektrische Ausrüstung stammte von Siemens in Zusammenarbeit mit AEG.

Die Wagenkästen bestehen aus selbsttragendem, geschweißtem Aluminium und lassen sich per Hydraulik um bis zu 8° neigen.

Ein Zug setzt sich aus den beiden Triebwagen 610^0 und 610^5 zusammen. Das vordere Drehgestell des 610^0 ist nicht angetrieben, in den übrigen Drehgestellen ist jeweils ein Radsatz über eine Gelenkwelle mit einem AEG-Drehstrommotor verbunden.

1992 bekam die Bundesbahn zwanzig Einheiten, die in Nürnberg stationiert wurden. Sie fuhren einzeln oder in Doppeltraktion nach Bayreuth, Hof, Weiden, Schwandorf und Furth im Wald. Durch die Neigetechnik sank die Fahrzeit zwischen Nürnberg und Hof von 130 auf 100 Minuten. Doppeleinheiten blieben bis Pegnitz vereint, wurden dort getrennt und auf der Rückfahrt wieder zusammengestellt. 1994 gingen alle Triebwagen in den Bestand der Deutschen Bahn AG über. Ab dem Fahrplanwechsel 2012/13 übernahm die Baureihe 612 viele Einsätze, sodass nur noch acht 610 benötigt wurden. 2013 übernahm die DB-Tochter Arriva CZ die 610 017 und 610 018, lackierte sie grün/türkis und plante einen Einsatz im tschechischen Regionalverkehr, der jedoch nie erfolgte. Im Winter 2014 schieden die letzten Triebwagen aus dem DB-Bestand aus. Der 610 011 kam ins DB Museum nach Koblenz, alle übrigen wurden 2019 verschrottet.

Baureihe	**610**
Radsatzfolge	**2'(A1)'+(1A)'(A1)'**
Länge über Kupplung	**51.750 mm**
Raddurchmesser	**890 mm**
Radsatzstand	**19.950 mm**
Höchstgeschwindigkeit	**160 km/h**
Leistung	**970 kW**
Dienstmasse	**95,3 t**
Radsatzfahrmasse	**13,4 t**
Kraftübertragung	**elektrisch**
Indienststellung	**1991-1993**
Museumswagen	**610 011+610 511**

Baureihe VT $08^{5,6}$, VT 12^5 (UIC DB: 608, 612, 613)

Nach dem Zweiten Weltkrieg begann die Bundesbahn mit dem Aufbau eines Schnellverkehrsnetzes, das sich an das Triebwagennetz der Reichsbahn anlehnen sollte. Dafür beschaffte sie ab 1952 die VT 08^5.

Die Züge bestehen aus einem Trieb-, einem Mittel- und einem Steuerwagen. Sie können um weitere Mittelwagen ergänzt oder der Steuerwagen durch einen zweiten Triebkopf ersetzt werden.

Die Wagenkästen sind selbsttragend, verwindungssteif und in Leichtbauweise gefertigt. Automatische Scharfenbergkupplungen verbinden die Wagen.

Die Maschinenanlage sitzt im vorderen Drehgestell des Triebkopfs. Eingesetzt wurden zunächst Motoren von Daimler-Benz, Maybach oder MAN, gekoppelt mit Getrieben von Maybach oder Voith. Dank Vielfachsteuerung lassen sich bis zu sechs Motorwagen von einem Führerpult aus bedienen. Ab 1955 standen 20 Triebköpfe, 22 Mittelwagen und 13 Steuerwagen zur Verfügung. Nachgebaute Triebköpfe besaßen keine Küche mehr. Parallel wurden die VT 12^5 für den Bezirks- und Städteschnellverkehr bestellt. Sie waren ebenfalls dreiteilig, verfügten über Großraumwagen und mittig große zweiflügelige Schiebetüren. Insgesamt entstanden zwölf Triebköpfe, 13 Mittelwagen und vier Steuerwagen. Die VT 08^5 fuhren im Winter 1952/53 als »Rheinblitz«, »Schauinsland« und »Roland«. 1957 mussten sie kurzfristig im TEE-Dienst einspringen. Ab Mitte der 1960er-Jahre schieden die VT 085 (ab 1968: 608) aus dem hochwertigen Dienst aus. Sie wurden umgebaut und als VT 08^6 (ab 1968: 613) bezeichnet. Die VT 12^5 liefen als Baureihe 612.

Ab 1982 waren alle Baureihen in Braunschweig beheimatet und wurden dort bis 1985 eingesetzt. Als Museumsfahrzeuge blieben bei der DB die Triebköpfe VT 12 506 und 507 sowie die Mittelwagen VM 12 501 und 507 erhalten.

Baureihe	VT $08^{5,6}$, VT 12^5 (UIC DB: 608, 612, 613)
Radsatzfolge	B'2'+2'2'+2'2'
Länge über Kupplung	79.970 / 80.820 mm*
Treibraddurchmesser	930 mm
Laufraddurchmesser	900 mm
Radsatzstand (Triebkopf)	22.050 mm
Höchstgeschwindigkeit	140 km/h
Leistung	735 kW
Dienstmasse	120 / 112 t*
Radsatzfahrmasse	18 t
Kraftübertragung	hydraulisch
Indienststellung	1952-1954 / 1953-1957*
Museumswagen	VT 12 506, 507, VM 12 501, 507
* VT $08^{5,6}$ / VT 12^5	

Baureihe 614

Die dreiteiligen Triebwagen der Baureihe 614/914 entstanden Anfang der 1970er-Jahre als Weiterentwicklung der Baureihe 624/634 für den Nah- und Vorortverkehr. Der Auftrag über 40 dreiteilige Züge ging an die Waggonfabrik Uerdingen AG und an MAN.

Die beiden Endwagen (614) besitzen jeweils eine Maschinenanlage, während die Mittelwagen (914) keinen Antrieb haben. Zur Erhöhung der Kapazität können zwei Mittelwagen hinzugefügt oder die Züge in Mehrfachtraktion betrieben werden. Auch Mittelwagen der Baureihen 924 und 934 können eingereiht werden.

Die Wagenkästen wurden in selbsttragender Bauweise aus leichten Walzprofilen und abgekanteten Blechen gefertigt. Luftfedern verbinden die Aufbauten mit den Drehgestellen.

Eine gleisbogenabhängige Wagenkastensteuerung war vorgesehen, deshalb ist der Wagenkasten im oberen Bereich verjüngt, um das Umgrenzungsprofil einzuhalten. Diese Steuerung wurde in den Prototypen getestet, brachte jedoch keine Vorteile, weshalb die Serienfahrzeuge ohne sie gebaut wurden.

Zunächst wurden zwei Prototypen von Trier aus getestet. Danach kamen die ersten Serienfahrzeuge nach Nürnberg. Sie fuhren in Franken und der Oberpfalz, kamen aber auch nach Stuttgart, Ulm und Augsburg. Sie waren zunächst kieselgrau/blutorangefarben lackiert. Ab 1975 wurden weitere Einheiten nach Braunschweig geliefert. Diese waren ozeanblau/beigefarben lackiert.

Die Züge blieben bis 1993 weitgehend an ihren ursprünglichen Standorten. Erst die Deutsche Bahn AG nahm größere Umbeheimatungen vor. Im Dezember 2009 endete der planmäßige Einsatz in Nürnberg. Einige Wagen blieben noch als Betriebsreserve, wurden jedoch inzwischen abgestellt. Mehrere Züge wurden nach Polen und Rumänien verkauft. Das DB-Museum bekam den Zug 614 005+914 003+614 006 zugeteilt. Er steht in Nürnberg.

Baureihe	**614**
Radsatzfolge	**B'2'+2'2'+2'B'**
Länge über Puffer	**79.400 mm**
Treibraddurchmesser	**950 mm**
Laufraddurchmesser	**900 mm**
Radsatzstand (Endwagen)	**21.500 mm**
Höchstgeschwindigkeit	**140 km/h**
Leistung	**734 kW**
Dienstmasse	**124 t**
Radsatzfahrmasse	**16 t**
Kraftübertragung	**hydraulisch**
Indienststellung	**1971–1977**
Museumswagen	**614 005+914 003+614 006**

Baureihe $628^{2,4}$, 629

Mit den Baureihen 627 (einteilig) und 628 (zweiteilig) beabsichtigte die Bundesbahn, ihre alten Schienenbusse und lokbespannten Züge auf Nebenstrecken zu ersetzen und so deren Attraktivität zu erhöhen. Das Bundesbahn-Zentralamt (BZA) arbeitete dabei eng mit der Maschinenbau GmbH Kiel (MaK) und der DUEWAG an der Entwicklung der Triebwagen zusammen.

Während die Bahn vom 627 nur zwei kleine Probeserien beschaffte, gingen die 628 in Serie. Mitte der 1990er-Jahre bestellte die Bahn 150 Züge der Baureihe 628^2 mit 410 kW Leistung, die als Trieb-/Steuerwagen-Einheiten konzipiert waren. Damit konnte der Bedarf jedoch noch nicht vollständig gedeckt werden, weshalb eine weitere Bestellung folgte. DUEWAG überarbeitete die Konstruktion und entwickelte die Reihe 628^4, die nun 485 kW leistet. Diese Züge sind nicht nur technisch auf dem neuesten Stand, sondern auch etwa einen Meter länger und erhielten am Übergangsende eine doppelflügelige Tür für einen schnelleren Fahrgastwechsel. Die Bundesbahn übernahm 309 Exemplare.

Für den Einsatz auf der steilen Strecke von Mainz nach Alzey rüstete die Bahn fünf Fahrzeuge mit zwei Motoren aus. Sie wurden als 628^9/629 in den Bestand aufgenommen.

Die 628^2 waren die ersten Fahrzeuge, die die Deutsche Bundesbahn im neuen Design mit grauem Wagenkasten und türkisfarbenem Fensterband in Dienst stellte.

Neben der deutschen Staatsbahn setzen auch Luxemburg, Rumänien und einige deutsche Privatbahnen Züge dieses Typs ein, darunter die Verkehrsbetriebe Elbe-Weser (EVB) und die Frankfurt-Königsteiner Eisenbahn (FKE).

2024 war DB Fernverkehr noch mit zehn 628 zwischen Niebüll und Sylt unterwegs, die einen weißen Aufbau und ein rotes Fensterband hatten.

Im Museumsbestand der DB befindet sich der 629 201/928 201, der sich wieder in seiner Originallackierung zeigt und von der BSW-Gruppe in Koblenz-Lützel betreut wird.

Baureihe	**$628^{2,4}$, 629**
Radsatzfolge	**2'B'+2'2'**
Länge über Puffer	**45.400 / 46.400 mm***
Raddurchmesser	**770 mm**
Radsatzstand	**17.000 mm**
Höchstgeschwindigkeit	**120 km/h**
Leistung	**410 / 485 kW***
Dienstmasse	**67 / 70 t***
Radsatzfahrmasse	**13 / 15 t***
Kraftübertragung	**hydraulisch**
Indienststellung	**1986–1989 / 1992–1996***
Museumswagen	**628 201+928 201**
*** 628^2 / 628^4**	

Baureihe VT 18.16 (UIC DR: 175, DB AG: 675)

In den frühen 1960er-Jahren bestellte die Deutsche Reichsbahn (DR) einen modernen Dieseltriebzug für den internationalen Fernverkehr. Der VEB Waggonbau Görlitz baute einen vierteiligen Prototypen, der im Design noch stark an den von Franz Kruckenberg entworfenen VT 137 155 erinnerte. Der VT 18.16.01 wurde 1963 auf der Leipziger Messe vorgestellt.

Die Wagenkästen bestehen aus einer selbsttragenden Schweißkonstruktion. Auch die Drehgestelle sind vollständig geschweißt. Die Antriebsanlage mit Zwölfzylindermotoren wurde weitgehend von der V 180 übernommen. Sie treibt das vordere Drehgestell der Triebköpfe an.

In den Fahrgasträumen der 2.-Klasse-Großräume der Endwagen stehen drehbare Doppelsitze aus dem Flugzeugbau. Ein Mittelwagen ist ein 1.-Klasse-Abteilwagen, während der andere drei 2.-Klasse-Abteile sowie einen Speiseraum mit Küche umfasst.

Nach erfolgreichen Tests gelangte der Prototyp im Sommerfahrplan 1964 als »Neptun« zum Einsatz. Die Serienproduktion zwischen 1965 und 1968 umfasste sieben weitere vierteilige Züge sowie als Reserve zwei zusätzliche Triebköpfe und sechs Mittelwagen, sodass sich die Züge durch zusätzliche Mittelwagen erweitern lassen. Allerdings dürfen die verlängerten Züge nur noch 140 km/h schnell fahren. Die Züge waren hauptsächlich auf internationalen Strecken von Berlin in Richtung Kopenhagen, Prag, Wien und Karlsbad unterwegs, aber auch im Binnenverkehr anzutreffen. Ab 1970 wurden sie als Baureihe 175 geführt und verkehrten bis September 1981 als »Karola« und »Karlex«. Der letzte Inlandseinsatz erfolgte 1985.

Ein sechsteiliger Zug (VT 18.16.07b, 07c, 07d, 05e, 06e, 10a) blieb als Museumsfahrzeug bei der Deutschen Bahn AG erhalten. Er wird zurzeit in Dresden betriebsfähig aufgearbeitet.

In Berlin-Lichtenberg werden die VT 18.18 08a bis 08d von der Freizeitgruppe der Stiftung Bahn-Sozialwerk betreut.

Baureihe	**VT 18.16 (UIC DR: 175, DB AG: 675)**
Radsatzfolge	**B'2'+2'2'+2'2'+2'B'**
Länge über Kupplung	**98.140 mm**
Raddurchmesser	**950 mm**
Radsatzstand (Triebkopf)	**19.690 mm**
Höchstgeschwindigkeit	**160 km/h**
Leistung	**1.471 kW**
Dienstmasse	**214,4 t**
Radsatzfahrmasse	**19,8 t**
Kraftübertragung	**hydraulisch**
Indienststellung	**1963–1965**
Museumswagen	**VT 18.16.07b-d, 05e, 06e, 10a, VT 18.18 08a-d**

Baureihe VT 92⁵ (UIC DB: 692)

Anfang der 1950er-Jahre ließ die Bundesbahn bei MAN in Nürnberg einen Versuchstriebwagen herrichten, um Komponenten und Kopfformen für die neuen Dieseltriebwagen VT 08⁵ und VT 12⁵ zu entwickeln und zu erproben. Der Wagen diente außerdem der Entwicklung der V 200⁰. Als Ausgangsbasis wurde der vierachsige Vorkriegstriebwagen VT 872 ausgewählt, von dem nur das geschweißte Untergestell weiterverwendet wurde. Antrieb, Drehgestelle und Fahrzeugaufbau wurden vollständig neu entwickelt. Der Motor war nun im Drehgestell befestigt, statt wie zuvor auf dem Rahmen.

Im Verlauf der Untersuchungen wurden unterschiedliche Motorbauarten erprobt. Der Wagen erhielt zunächst einen 800-PS-Motor von Maybach, der bald durch einen 1.000-PS-Motor ersetzt wurde. Anfang 1952 kam ein 800-PS-Motor von MAN hinzu, gefolgt im Dezember 1952 von einem 1.000-PS-Motor von Daimler-Benz.

Weil der Vierachser als Versuchsfahrzeug nicht für den regulären Betrieb gedacht war, besaß er keinen Fahrgastraum, sondern lediglich einen Raum für die Messeinrichtungen. Wegen seiner orangebraunen Lackierung erhielt der VT 92 501 schnell den Spitznamen »Kartoffelkäfer«. 1966 bekam er den roten Regelanstrich, der auch für die anderen Diesel-»Eierköpfe« der Bundesbahn typisch war. Nach Abschluss der Versuche wurde der VT 92 501 nach Nürnberg versetzt, wo er als Schlepptriebwagen vor Personenzügen nach Furth im Wald und Amberg eingesetzt wurde. Ab 1960 war er dem AW Nürnberg zugeordnet und wurde (ab 1968 als 692 501) zum Transport defekter Lokomotiven und Triebwagen in und aus dem Ausbesserungswerk genutzt. Ende 1978 wurde der Wagen ausgemustert und im AW Nürnberg abgestellt. Später gelangte er in den Besitz des DB-Museums und wurde als Leihgabe an das Bayerische Eisenbahnmuseum in Nördlingen übergeben. 2005 wurde er verkauft und wird seitdem in Hildesheim aufgearbeitet.

Baureihe	VT 92⁵ (UIC DB: 692)
Radsatzfolge	B'2'
Länge über Kupplung	14.270 mm
Treibraddurchmesser	940 mm
Laufraddurchmesser	900 mm
Radsatzstand	17.520 mm
Höchstgeschwindigkeit	120 km/h
Leistung	735,5 kW
Dienstmasse	51,5 t
Radsatzfahrmasse	18,1 t
Kraftübertragung	hydraulisch
Indienststellung	Umbau 1951
Museumswagen	VT 92 501

Baureihe VT 135 (DB: VT 75^9, UIC DR: 186)

Ab 1933 beschaffte die Deutsche Reichsbahn-Gesellschaft zweiachsige Leichtbautriebwagen für Nebenbahnen, denn Voraustriebwagen hatten die Eignung dieser Fahrzeuge nachgewiesen. Die Reichsbahn entschied sich jedoch nicht nur für eine Ausführung, sondern wollte auch hier unterschiedliche Bauweisen untersuchen. Deshalb lieferten mehrere Firmen eine Reihe nur ähnlicher Fahrzeuge. Dazu gehörten auch 30 dieselmechanische Triebwagen, die 1933 und 1935 von der Waggonfabrik Bautzen geliefert wurden.

Zu den Triebwagen wurden 62 Beiwagen gebaut, sodass Züge mit mehreren Wagen gebildet werden konnten.

VT 135 002 bis 011 hatten noch genietete Untergestelle und Wagenkästen. Ab VT 135 022 bis 031 wurde zunehmend Schweißtechnik verwendet, und bei VT 135 051 bis 060 waren Untergestell und Wagenkasten vollständig geschweißt.

Die Fahrzeuge der ersten Serie waren ursprünglich mit einem 120-PS-Daimler-Dieselmotor ausgestattet, später erhielten sie einen Daimler-Motor mit 135 PS. Allen Fahrzeugen gleich war die mechanische Kraftübertragung mit einem vierstufigen Wechsel- und Wendegetriebe.

Bei der dritten Serie wurden die Klotzbremsen durch Trommelbremsen ersetzt; außerdem bekamen die Fahrzeuge eine doppelte Radsatzfederung, was eine Geschwindigkeit von 75 km/h ermöglichte.

Die Bundesbahn übernahm Fahrzeuge aus allen drei Serien und ordnete sie ab 1947 als VT 759 ein. In den 1950er-Jahren waren alle in der Direktion Regensburg stationiert und erhielten neue 130-PS-Motoren von Deutz. Anfang 1960 waren noch elf der ursprünglich 16 Wagen im Bestand. Neun davon wurden zwischen April und Mai 1960 ausgemustert, die letzten beiden folgten erst Ende März 1962 im Bw Schwandorf.

Die Deutsche Reichsbahn besaß nur einen Wagen dieses Typs. Der später zum Salonfahrzeug der Rbd Magdeburg umgebaute VT 135 054 (ab 1970 als 186 257) ist heute im Museumsbestand und im Bw Staßfurt ausgestellt.

Baureihe	VT 135 (DB: VT 75^9, UIC DR: 186)
Radsatzfolge	A1
Länge über Puffer	12.200 mm
Raddurchmesser	900 mm
Radsatzstand	6.200 mm
Höchstgeschwindigkeit	75 km/h
Leistung	99 kW
Dienstmasse	19 t
Radsatzfahrmasse	10 t
Kraftübertragung	mechanisch
Indienststellung	1933-1935
Museumswagen	VT 135 054

Baureihe VT 135 (DB: VT 70⁹, DR: 186)

Nach der erfolgreichen Entwicklung von zweiachsigen Triebwagen für Nebenbahnen bis Mitte der 1930er Jahre schloss die Reichsbahn die Arbeiten an einem vereinheitlichten Fahrzeug ab und beschaffte nun größere Serien baugleicher Triebwagen. Zwischen 1936 und 1938 wurden daraufhin VT 135 061 bis 064, 067 bis 076 und 083 bis 132 sowie 62 passende Beiwagen beschafft. Lieferant der Triebwagen war die MAN.

Wagenkasten und Rahmen sind aus Stahlblechen geschweißt. Die Sechszylinder-Dieselmotoren von MAN sind in einem Tragrahmen unterflur aufgehängt. Die Kraftübertragung erfolgt über Gelenkwellen und ein Zahnradwechselgetriebe auf einen Radsatz.

Für den Fahrkomfort waren die Triebwagen mit Lenkradsätzen und einer kombinierten Schrauben-/Blattfederung ausgestattet.

Eine Besonderheit waren die Leichtbau-Triebwagen VT 135 065 und 066, deren Wagenkästen aus Hydronalium – einer Aluminium-Magnesium-Leichtmetalllegierung – gefertigt waren. Diese Wagen glänzten silbern, weil hier auf einen Anstrich verzichtet wurde.

Die Deutsche Reichsbahn der DDR übernahm nach dem Krieg zehn Fahrzeuge. Während die meisten bis Ende der 1970er-Jahre ausgemustert wurden, überdauerte der VT 135 110 (ab 1970 als 186 258 geführt) als Diensttriebwagen des Präsidenten der Rbd Halle und ist heute als Museumsfahrzeug im Betriebshof Halle P erhalten.

Zur Bundesbahn gelangten 32 Triebwagen (VT 70 918 … 990). Sie nutzte sie bis Anfang der 1960er Jahre vorwiegend in Bayern. Nach ihrer Ausmusterung wurden sechs Triebwagen verkauft. Die ehemaligen VT 70 919 und VT 70 921 fuhren noch bis 1978 im bayerischen Wald und wurden danach als VT 19 und VT 18 bei der Regentalbahn eingesetzt. Heute gehört der VT 70 919 zur Deutschen Museumsbahn zwischen Ebermannstadt und Beringersmühle, während der VT 70 921 im Eisenbahnmuseum Darmstadt-Kranichstein steht.

Baureihe	**VT 135 (DB: VT 70⁹, DR: 186)**
Radsatzfolge	**A1**
Länge über Puffer	**12.280 mm**
Raddurchmesser	**900 mm**
Radsatzstand	**7.000 mm**
Höchstgeschwindigkeit	**75 km/h**
Leistung	**110 kW**
Dienstmasse	**22 t**
Radsatzfahrmasse	**11 t**
Kraftübertragung	**mechanisch**
Indienststellung	**1936-1938**
Museumswagen	**VT 135 110**

Baureihe TVT (UIC DB: 701, 702)

Ab Mitte der 1950er-Jahre wuchs bei der Bundesbahn die Notwendigkeit, Fahrzeuge für die Instandhaltung des immer größer werdenden elektrifizierten Streckennetzes zu entwickeln. Sie sollten robust, einfach zu bedienen und schnell einsatzfähig sein. Daher entschloss man sich, ein neues Fahrzeug auf Basis der bewährten Schienenbusse zu konzipieren. Man übernahm Rahmen und Maschinenanlagen mit den beiden Dieselmotoren. Der Aufbau fiel jedoch deutlich höher aus als beim Schienenbus. Um auch Wagen mitnehmen zu können, stattete man die Triebwagen mit normalen Schraubenkupplungen und Puffern aus.

Zwischen 1955 und 1974 lieferten WMD, Rathgeber, Uerdingen und MBB mehr als 160 Exemplare der Reihe 701. In den frühen 1960er-Jahren kamen vier einmotorige Turmtriebwagen als 702 hinzu. Sie erwiesen sich aber als zu schwach. 1971 und 1972 bekamen sie deshalb einen zweiten Motor und wurden in 701 umgezeichnet. Für den Einsatz auf steileren Strecken rüstete die Bundesbahn Anfang der 1970er-Jahre 23 Turmtriebwagen mit dynamischen und Magnetschienenbremsen aus. Sie wurden in die neue Reihe 702 umgezeichnet.

Zur Wartung der Oberleitung haben die Fahrzeuge schwenkbare Hebebühnen. Eine zusätzliche Leiter ermöglicht es, eine Höhe von bis zu 15 Metern zu erreichen. Ein Prüfstromabnehmer dient zur Kontrolle der Lage des Fahrdrahts. Schwenkbare Scheinwerfer ermöglichen Nachteinsätze. In einem Werkstattraum können notwendige Arbeiten ausgeführt werden. Eine Dachkanzel dient zur Überwachung von Arbeiten aus dem Inneren heraus.

Die Fahrzeuge waren in nahezu allen größeren Bahnhöfen des elektrifizierten Streckennetzes stationiert. 1994 wurden sie von der Deutschen Bahn AG übernommen. Heute sind die Triebwagen aus dem Bestand der DB AG verschwunden, einige haben jedoch bei privaten Unternehmen neue Aufgaben übernommen. Drei Fahrzeuge – 701 039, 067 und 155 – wurden in den Museumsbestand aufgenommen.

Baureihe	**TVT (UIC DB: 701, 702)**
Radsatzfolge	**Bo**
Länge über Puffer	**13.950 mm**
Raddurchmesser	**900 mm**
Radsatzstand	**6.000 mm**
Höchstgeschwindigkeit	**90 km/h**
Leistung	**191 / 220 kW**
Dienstmasse	**25,8 t**
Radsatzfahrmasse	**13,2 t**
Kraftübertragung	**mechanisch**
Indienststellung	**1954-1974**
Museumswagen	**701 039, 067, 155**

Baureihe VT 2.09.1 (UIC DR: 171; DB AG: 771) VT 2.09.2 (UIC DR: 172; DB AG: 772)

Nach dem Zweiten Weltkrieg benötigte die Reichsbahn der DDR neue Triebwagen, um ihre Nebenbahnen wirtschaftlicher betreiben zu können. Ab 1959 testete sie zwei Prototypen des LVT 2.09 (ab 1970: Baureihe 171). Ende 1963 startete der VEB Waggonbau Bautzen die Serienfertigung und lieferte bis Anfang 1965 insgesamt 63 Trieb- und Beiwagen. Wegen ihrer Form und der roten Lackierung erhielten sie schnell die Spitznamen »Ferkeltaxe« oder »Blutblase«.

Während der Produktion bestellte die Reichsbahn einen LVT mit Steuerwagen, um das Umsetzen an Endbahnhöfen zu vermeiden. Mitte 1964 begann die Erprobung der beiden Prototypen des LVT 2.09.1 (ab 1970: Baureihe 172). Ende 1965 startete die Serienlieferung, die mit dem LVT 2.09.116 endete. Von 1969 bis 1973 folgten in Görlitz weitere 72 Trieb- und Steuerwagen der Baureihe LVT 2.09.2 (ab 1970: Baureihe 172[1]), die einen verstärkten Rahmen und einen überarbeiteten Dieselmotor erhielten.

Die Fahrzeuge besitzen einen geschweißten Stahlkasten. Nur bei einem Prototypen nutzte die Bahn eine Mischung aus Stahl und Leichtmetall, die sich jedoch nicht eignete. Schraubenfedern und Stoßdämpfer sorgen für eine ruhige Fahrt. Der Motor hängt unter dem Fahrzeug und überträgt seine Leistung über eine Flüssigkeitskupplung und ein Zahnradgetriebe auf einen Radsatz.

Anfang der 1990er-Jahre erhielten die Baureihen 171 (ab 1992: 771) und 172 (ab 1992: 772) neue Innenräume, MAN-Motoren mit 162 kW, Voith-Getriebe sowie Sifa, Indusi, PZB 80 und den Zugbahnfunk MESA 2000. Danach liefen sie als Baureihen 772[3] (ex 771) und 772[4] (ex 772). Bis 2004 musterte die Deutsche Bahn AG alle Fahrzeuge aus und verkaufte viele nach Kuba und Rumänien.

Die Triebwagen 172 001 und 172 601 gehören heute zum DB-Museum und sind als Leihgabe beim Verein Hafenbahn Neustrelitz e. V. untergebracht.

Baureihe	**VT 2.09.1 (UIC DR: 171; DB AG: 771) VT 2.09.2 (UIC DR: 172; DB AG: 772)**
Radsatzfolge	**1A**
Länge über Kupplung	**13.550 mm**
Raddurchmesser	**900 mm**
Radsatzstand	**6.000 mm**
Höchstgeschwindigkeit	**90 km/h**
Leistung	**132 kW**
Dienstmasse	**20 / 22 t***
Radsatzfahrmasse	**13 / 15 t***
Kraftübertragung	**mechanisch**
Indienststellung	**1957-1964 / 1965-1969***
Museumswagen	**172 001, 172 601**
*** VT 2.09.1 / VT 2.09.2**	

Baureihe VT 95 (UIC DB: 795)

1950 nahm die Deutsche Bundesbahn ihre ersten VT 95 in Betrieb. Diese einmotorigen Schienenbusse sollten Züge mit Dampfloks auf Nebenbahnen ersetzen und den Betrieb für Fahrgäste attraktiver machen.

Die ersten elf Fahrzeuge, entwickelt vom BZA München und der Waggonfabrik Uerdingen, hatten einen Radsatzstand von 4.500 mm und eine Länge von 10.798 mm. Beim VT 95 912 verlängerte man den Radsatzstand mit einer Sondergenehmigung auf 6.000 mm und die Gesamtlänge auf 13.298 mm. Die Probefahrten verliefen gut, sodass sich der längere Radsatzstand bei allen späteren Schienenbussen bewährte und durchsetzte.

Beim Planeinsatz zeigte sich schnell, dass nur eine Tür pro Wagenseite zu langen Fahrgastwechselzeiten führte. Deshalb erhielt der VT 95 911 zwei Türen pro Seite. Bis 1955 beschaffte die Bundesbahn 557 Serienfahrzeuge sowie 15 für die Saarbahnen, die später an die Bundesbahn übergingen. Die meisten Wagen baute die Waggonfabrik Uerdingen, MAN fertigte sie in Lizenz nach. Die Saarbahn-Fahrzeuge stammten von der Waggonfabrik Gebr. Lüttgens in Saarbrücken.

Die VT 95 waren so kräftig motorisiert, dass sie problemlos einen Beiwagen mitnehmen konnten. Die 563 als VB 142 bezeichneten Anhänger behielten jedoch den kurzen Radsatzstand von 4.500 mm. Da sie keinen Führerstand besaßen, mussten die Triebwagen an den Endstationen umgesetzt werden. Der ultraleichte VB 142 901 war mit 6.250 kg ein Einzelstück, konnte sich jedoch im Betrieb nicht durchsetzen.

Die ersten Triebwagen hatten Oberlichter über den Stirnfenstern. Bei tief stehender Sonne blendeten diese die Lokführer. Ab VT 95 9270 verzichtete die Bahn daher auf Oberlichter und ließ ältere Wagen umbauen oder überlackieren.

Die letzten Fahrzeuge der Baureihe 795 – so die Bezeichnung ab 1968 – gingen Mitte 1980 außer Dienst. Lediglich der 795 445 blieb bis 1983 als Personalwagen in Köln im Einsatz.

Im Museumsbestand der DB AG ist der 795 240 verzeichnet, der in Lichtenfels hinterstellt ist.

Baureihe	VT 95 (UIC DB: 795)
Radsatzfolge	A1
Länge über Kupplung	10.798 / 13.298 mm*
Raddurchmesser	900 mm
Radsatzstand	4.500 / 6.000 mm*
Höchstgeschwindigkeit	90 km/h
Leistung	110 kW
Dienstmasse	18,1 t
Radsatzfahrmasse	10,5 t
Kraftübertragung	mechanisch
Indienststellung	1950-1958
Museumswagen	VT 95 9240
* Vorserie / Serie	

Baureihe VT 97, VT 98 (UIC DB: 796, 797, 798)

Weil die VT 95 auf steilen Strecken zu schwach waren und auf stark genutzten Nebenbahnen zu wenig Platz boten, lieferte Uerdingen ab 1953 die zweimotorigen VT 98 mit je 150 PS (110 kW). Bei ihnen wurde die Scharfenbergkupplung durch eine Schraubenkupplung ersetzt, sodass bei Bedarf Wagen mitgeführt werden können.

Nach guten Ergebnissen mit drei Prototypen bestellte die Bundesbahn die VT 98 9501 bis 9829, die von 1955 bis 1962 geliefert wurden. Dazu kamen 320 Beiwagen VB 98 und 310 Steuerwagen VS 98. Typisch waren dreiteilige Garnituren mit VT, VB und VS, doch es gab auch andere Kombinationen, teilweise mit zwei Motorwagen. Mehrere Triebwagen ließen sich von einem Führerpult aus gemeinsam steuern.

Für die Zahnradstrecke zwischen Honau und Lichtenstein bestellte die Bahn acht Schienenbusse mit Zahnradantrieb. Sie hatten eine Klinkenband-Klotzbremse, die nur in einer Richtung wirkte. Deshalb musste der Führerstand 1 immer talwärts zeigen. Zu den VT 97 901 bis 908 (Baujahre 1961 bis 1965) kamen sechs Steuerwagen VS 97 und ein Beiwagen VB 97.

1979 rüstete das AW Kassel 798 666, 998 271 und 998 640 für den Einmannbetrieb um. Sie erhielten Rückspiegel sowie druckluftbetätigte Türen mit Drucktastern und liefen danach als 796 und 996. Der Umbau bewährte sich, sodass 1988 weitere 47 VT, 26 VB und 43 VS folgten. Für die Strecke zwischen Prien und Aschau erhielten 798 652, 653 und 998 896 eine neue Inneneinrichtung. Außerdem stellte man sie ebenfalls auf Einmannbetrieb um. Die Wagen wurden grau-türkisfarben lackiert und trugen den Schriftzug »Chiemgau-Bahn«.

Ende 1993 gingen noch knapp 100 Schienenbus-Garnituren in den Bestand der DB AG über. Eine der letzten Einsatzstrecken war bis Mai 2000 die Nebenbahn von Tübingen nach Gültstein.

Der Triebwagen 798 818 gehört heute zum Museumsbestand der DB und steht als Leihgabe bei den Eisenbahnfreunden Grenzland e. V. in Aachen.

Baureihe	**VT 97, VT 98 (UIC DB: 796, 797, 798)**
Radsatzfolge	**Bo**
Länge über Puffer	**13.950 mm**
Raddurchmesser	**910 / 900 mm***
Radsatzstand	**5.950 / 6.000 mm***
Höchstgeschwindigkeit	**90 km/h**
Leistung	**220 kW**
Dienstmasse	**31,5 / 28 t***
Radsatzfahrmasse	**15,75 / 14 t***
Kraftübertragung	**mechanisch**
Indienststellung	**1961-1965 / 1953-1962***
Museumswagen	**VT 98 9818**
*** VT 97 / VT 98**	

WEITERE INTERESSANTE BÜCHER ZUM THEMA

Ein kompakter Überblick über die Loks und Triebwagen der Deutschen Bahn AG inklusive der wichtigsten technischen Daten. Dazu zählen alle ICE-Typen, Elektrolokomotiven, Diesellokomotiven, Elektrotriebwagen und Schmalspurlokomotiven ebenso wie Mess- und Instandhaltungsfahrzeuge.
144 Seiten, 150 Abb., 170x240 mm
ISBN 978-3-613-71747-3
€ 19,95 | € (A) 20,60

In bewährter Form berichtet der vorliegende Band über Bau, Beschaffung und Modernisierung der Lokomotiven und Triebwagen der Deutschen Bundesbahn von 1949 bis 1993. Er präsentiert neben den neuen Dampflok- und Diesellokbaureihen auch die modernen Diesel- und Elektrotriebwagen.
144 Seiten, 150 Abb., 170x240 mm
ISBN 978-3-613-71776-3
€ 19,95 | € (A) 20,60

Neben dem Einsatz von »König Dampf« setzte die 1948 gegründete Deutsche Bundesbahn auch zunehmend Elektroloks ein. Eine interessante Mischung aus der einzigartige Farbfotos entstanden sind, die heute unwiederbringliche Zeitdokumente darstellen.
160 Seiten, 220 Abb., 230x265 mm
ISBN 978-3-613-71703-9
€ 34,90 | € (A) 35,90

Im Jahr 1970 möchte Günter Holle sein Heimatland mit der Eisenbahn einmal umrunden. Die deutsche Teilung sorgt dafür, dass er sein Unterfangen auf Westdeutschland beschränken muss. In seinem Buch berichtet er anschaulich über seine Eindrücke und Erlebnisse auf dieser Reise.
96 Seiten, 100 Abb., 240x220 mm
ISBN 978-3-613-71742-8
€ 19,95 | € (A) 20,60

Leseproben zu allen Titeln auf unserer Internetseite

trans press

Überall, wo es Bücher gibt, oder unter
WWW.MOTORBUCH-VERSAND.DE
Service-Hotline: 0711 / 78 99 21 51
www.facebook.com/MotorbuchVerlag

Stand Januar 2026
Änderungen in Preis und Lieferfähigkeit vorbehalten.